教材编写组成员

主　编　沈　山

副主编　浦邹军　王仁喜　李　健

浙北农家游美食指南

沈　山主　编

浙江工商大学出版社
ZHEJIANG GONGSHANG UNIVERSITY PRESS

图书在版编目(CIP)数据

浙北农家游美食指南 / 沈山主编. —杭州：浙江工商大学出版社，2014.1(2019.7 重印)

ISBN 978-7-5178-0280-8

Ⅰ. ①浙… Ⅱ. ①沈… Ⅲ. ①菜谱—浙江省 Ⅳ. ①TS972.182.55

中国版本图书馆 CIP 数据核字(2014)第 007796 号

浙北农家游美食指南

沈　山　主编

责任编辑　周敏燕

责任印制　包建辉

出版发行　浙江工商大学出版社

(杭州市教工路 198 号　邮政编码 310012)

(E-mail:zjgsupress@163.com)

(网址:http://www.zjgsupress.com)

电话:0571－88904980,88831806(传真)

排　　版　杭州朝曦图文设计有限公司

印　　刷　虎彩印艺股份有限公司

开　　本　787mm×1092mm　1/16

印　　张　5

字　　数　115 千

版 印 次　2014 年 1 月第 1 版　2019 年 7 月第 2 次印刷

书　　号　ISBN 978-7-5178-0280-8

定　　价　10.00 元

浙江工商大学出版社营销部邮购电话　0571－88904970

前言
PERFACE

近年来，长兴县委、县府提出了建设“太湖望县，锦绣长兴”的目标，给浙北地区的旅游业带来新的发展，实现了“异军突起”，得到了国家和省市旅游系统的关注。浙北地区的长兴县2009年荣获“中国十大文化休闲旅游县”称号，2010年成功成为省级旅游经济强县。浙北地区大城市较多，发展旅游服务业有很大的空间，其东部风光秀丽的太湖水乡景色，西部的连绵群山，绿树成片中的淳朴山村风貌都是吸引人们来长兴旅游的因素。浙北旅游的定位也在于乡村农家游。

而农家乐旅游的吸引力一是具有独特的风景或风物，二是有很强的参与体验性。总体而言，农家乐旅游的参与主体主要是以工薪阶层为主的城市或城镇平民和注重生活情调的知识分子。基于此，农家乐旅游应有别于其他休闲旅游形式，农家乐旅游所开展的各种类型的旅游项目就是农村日常生活的一部分，游客可以亲自参加农业生产劳动，如体验性的犁地、播种、栽苗、浇水、施肥、松土、除草等；也可参与收获性的活动，如采摘、捕捞、品尝等活动，让游客感受农业丰收的喜悦。最后，游客经过一番劳作以后，再来品尝一下农家的美食是别有风味的。

长兴县位于浙江省最北部，地理坐标约为东经119°33′—120°06′，北纬30°43′—31°11′。境内地势起伏，山清水秀，有顾渚山、碧岩、香山、洞山、城山等风景区，还有槐坎葆青“长兴灰岩”国际标准剖面保护区和管埭尹家边“扬子鳄保护区”等自然保护区。长兴县属北亚热带季风气候区，年均气温15.6℃，年均降水量1300毫米左右，无霜期240天，可以说四季分明，气候宜人。

长兴县东临太湖，西接天目余脉，一县之内，风光、物产不同，各具特色的农家乐好似一个个别致异样的盆景，精彩纷呈、内涵丰富，点缀着城镇、乡村，汇聚成一道靓丽迷人的风景线。赏游之余，品尝当地的美食是游客必选的游玩项目。

长兴县的主要土特产有紫笋茶、乌梅干、白果、板栗、玫瑰花等。名特优新产品也十分丰富，有闻名海内外的“太湖四珍”：银鱼、白壳虾、鲚鱼、大闸蟹；有久负盛名的“长兴四宝”：银杏、板栗、青梅、栝楼；还有令世人称绝的“品茗三绝”：紫笋茶、紫砂壶、金沙泉等。

长兴县在打造乡村旅游品牌的过程中充分结合民间风俗，形成了农家乐、农业观光园、农事节庆活动“三位一体”的特色产品，成功举办了梅花节、樱桃节、采桃节、杨梅节、桃花节、葡萄节、银杏节等农事节庆活动。体验乡村旅游的游客无不感叹这种“回归大自然，享受着田野芬芳和朴实民风”的感觉真好！

我校旅游服务专业实力强劲，经常参与长兴县各种农事节庆活动，烹饪专业的老师长期来收集长兴各地的美食，将各种烹制方法传授给烹饪专业的学生，作为校本培训的补充，多年积累之下，蔚然可观。遂有将各条旅游线路的不同美食汇集起来，作为教材的补充的打算：一是可以增加餐旅、烹饪专业学生的校外知识，加深对家乡的了解；二来也可对初来长兴的游客有所指点，使他们不要错过长兴的美食，遂成《浙北农家游美食指南》一书。

本书将长兴农家乐旅游线路分为五大区域，区域内风景相连，物产、食俗相近。而不同区域虽同在一县之内，但“五里不同风，十里不同俗”，因地理条件不同，物产不一，所以形成了不同的美食风俗。到长兴旅游的游客可通过本书有重点地品尝当地的美食，了解本地的食俗民风，也是农家游的一大乐趣。

目 录

CONTENTS

一、太湖沿岸水乡风情游 …… 001

(一)长兴爆鳝丝 …… 001

(二)斩鱼圆 …… 003

(三)银鱼水蒸蛋 …… 004

(四)脆皮银鱼 …… 005

(五)清蒸白鱼 …… 006

(六)盐水白虾 …… 007

(七)咸肉蒸太湖蟹 …… 008

(八)清蒸茭白 …… 009

(九)油焖茄子 …… 010

(十)香炸梅鲚鱼 …… 011

(十一)清焖巴鱼汤 …… 012

(十二)百合莲子银耳羹(甜品) …… 013

二、八都煤山历史文化遗迹游 …… 014

(一)银杏肉圆 …… 015

(二)小炒黄牛肉 …… 016

(三)香椿炒蛋 …… 017

(四)板栗烧鸡 …… 018

(五)清炒番薯梗 …… 019

(六)清炒南瓜藤 …… 020

(七)玉米莲藕排骨汤 …… 021

(八)生煸草子 …… 022

(九)五谷丰登 …… 023

(十)葱油芋艿 …… 025

(十一)香炸粲鲦 …… 026

三、和平方向休闲观光农业游 …… 028

(一)炒蚕蛹 …… 028

(二)青豆炒“菱网头” …… 029
(三)桂花糯米藕 …… 030
(四)凉拌水芹 …… 031
(五)慈菇烧肉 …… 032
(六)霉苋菜梗 …… 034
(七)肉片炒荸荠 …… 035
(八)鸡丝桃膏汤 …… 036
(九)多毛酱鸭 …… 037
(十)清蒸神塘甲鱼 …… 038
(十一)吕山红烧羊肉 …… 038

四、仙山湖“齐里人家”生态休闲游 …… 040
(一)酸辣腌豇豆 …… 040
(二)红烧泥鳅 …… 042
(三)红烧狗肉 …… 042
(四)雪菜兔肉火锅 …… 044
(五)雪菜炒野鸡 …… 045
(六)野鸭笋干煲 …… 046
(七)红焖麂肉 …… 047
(八)红烧野猪肉 …… 048
(九)清炖石鸡 …… 049
(十)椒盐蛇段 …… 050
(十一)炒仔鸡 …… 051

五、水口顾渚健康休闲文化游 …… 053
(一)咸肉烧笋 …… 054
(二)油焖春笋 …… 054
(三)蕨菜炒肉丝 …… 055
(四)凉拌马兰头 …… 056
(五)雪菜炒地滑塌 …… 057
(六)咸肉烧河蚌 …… 058
(七)螺蛳烧鸡 …… 059
(八)雪菜炒竹鸡 …… 060
(九)塘步蒸蛋 …… 061
(十)汪丁豆腐 …… 062
(十一)红烧“鱼三宝” …… 063

附:长兴小吃 …… 065
一、长兴干挑面 …… 065
二、唐八仙生煎 …… 066
三、泗安酥糖 …… 067
四、青团子 …… 067
五、乌米饭 …… 068
六、春　卷 …… 069
七、长兴小笼 …… 070

一、太湖沿岸水乡风情游

长兴县东临太湖，沿湖的乡镇有新塘、夹浦、横山、图影等，环湖带位于长兴县东部，北起兰香山，南至弁山，太湖岸线总长约 34 千米，陆域面积 160 平方千米，核心区域 45 平方千米，水域面积达 200 平方千米，湖泊纵横，水产品丰富，可开发利用高效农业。

环湖带内维持着许多原始优质生态景观，是整个太湖沿岸仅剩的待开发处女地。此带内既有雄峻山体的气势，又有浩瀚水景的韵味，更具乡村田园的气息。此区内湖中有山，漾中有岛，烟波浩渺，沙滩天然，河港纵横，山谷幽深，构成一幅优美的自然画卷。

主要观光点有：

1. 碧岩风景区，位于长兴县横山乡弁山主峰北麓。碧岩，海拔 300 多米，因岩石累峭于腰，望之若藓锈错，故称碧岩。据史料载："碧岩在弁山，弁山有三岩；秀岩、云岩、碧岩，惟碧岩最胜。"碧岩上有碧岩庵，俯视太湖，洪涛万顷。登上碧岩，主要景观有珠帘水、瀑布泉、龙口三处，堪称"碧岩三绝"。

2. 图影度假区，以山为图，以水为影，拥有"面朝太湖、三面环山、腹拥湿地"的天然旅游优势。东边是太湖，烟波浩渺、水光潋滟，优美的湖光山色令无数游客流连忘返；西侧有碧岩禅寺，隐约竹林中，浓厚的佛教文化氛围引得大量佛教信徒朝觐；西南方的弁山上风景秀丽，有着苏东坡留下的"清空世界"四个大字；区域内总面积约 2500 亩的大荡漾、周渡漾、陈湾漾、鸭兰漾四大荡漾保存完好。无论是山、湖、岛、漾的原生态环境，还是佛门净土碧岩禅寺，无不传递着一种隐逸、幽雅、休闲的意境，这种环境无疑是旅游度假的首选。

3."太湖风情"实验示范带及太湖森林公园，南起太湖图影旅游度假区的图影村，北至夹浦镇的夹浦村，整个"太湖风情"实验示范带面积达 8000 亩。从县城经太湖大道向东，一条集太湖水域、沿湖节点、滨湖大道、水域美化、美丽村庄、沿线绿化"六位一体"的立体、大气、浑厚、秀美的景观带已经建设完成，夏可赏荷，秋有芦苇，太湖风光这边独好。

区域内湖泊众多，水域面积广阔，水产品丰富，面临的太湖更是物产丰富，其中"太湖四珍"——银鱼、白壳虾、鲚鱼、大闸蟹，是来长兴旅游的客人必须品尝的美食。新塘又是我县重要的蔬菜基地，出产的"一尺红"茄子、太湖茭白，享誉全国。

推荐美食

（一）长兴爆鳝丝

黄鳝日间喜在多腐殖质淤泥中钻洞或在堤岸有水的石隙中穴居。本地多沟渠及稻田，因此多产黄鳝，以6—8月最肥，此时稻田新翻，犁车过处，常见鳝鱼翻滚其中。民间有“小暑鳝鱼赛人参”的说法。

长兴县盛产鳝鱼，品质优良，且烹饪鳝鱼的技艺十分高超。鳝鱼烹调时宜多加蒜头，成菜后宜加胡椒粉。各地均有以鳝鱼为原料的名菜，本地以长兴爆鳝丝最为有名。相传，乾隆皇帝巡视江南之际，杭州官府通报各地名厨高手烹菜献艺，“长兴爆鳝丝”夺得魁首，被乾隆赞誉为“江南难得一味”。此菜口感香脆，解乏健脑，是缓解疲劳的上品。

1. 原料

主料：鳝鱼500克。辅料：冬笋100克，韭菜25克，青椒10克，火腿5克，淀粉(蚕豆)2克。调料：赤砂糖2克，黄酒10克，大蒜(白皮)5克，香油15克，姜15克，菜籽油40克，胡椒粉2克，猪油(炼制)10克，酱油30克。

2. 烹制方法

(1)把活鳝鱼放在沸水锅中氽一下，掏去内脏，捞出去骨，切成5厘米长的丝，洗净。

(2)炒锅置旺火，下入熟菜油，烧至八成热，锅中留底油20克，其余倒出待用，投入鳝丝煸炒，并先后几次加入熟菜油。

(3)直至将水分炒干，鳝丝起酥，放蒜泥、青椒丝同炒片刻，加入黄酒、酱油、红糖、笋丝、韭菜，白汤30毫升。

(4)待汤汁将干时，放入胡椒粉2克、糟油3克、芝麻油，用湿淀粉勾芡，并用手勺搅至汤汁起泡，下入熟猪油搅几下起锅。

(5)把菜装成塔形，顶上点缀姜丝和熟火腿丝。

3. 成菜特点

菜品脆酥，香鲜入味，塔形装盘，缀以嫩黄的姜丝、艳红的火腿丝，滋味醇正，美观大方。

★小贴士

1. 鳝鱼去骨划丝后，只选用鳝背部分，肚裆部分不能用，因胶质过多，不易炒酥，达不到入口酥化的效果。

2. 鳝丝煸炒时要用中小火反复煸炒，油要分次加入，煸炒至鳝丝内无水分化酥方可，也便于调味汁水的吸入。

3. 要重用葱姜蒜，去腥增香。

（二）斩鱼圆

本区域河泊水塘众多，鱼类品种多、产量大，名列全国前茅，其中四大家鱼：青鱼、草鱼、鳙鱼、鲢鱼更是本地菜肴中的常用原料。水乡厨师巧手烹制，许多家常原料通过精心制作，遂成宴席佳肴，“斩鱼圆”就是其中一款，将鱼肉去骨制茸，打上劲后制成鱼圆，色香味俱佳。当地民间食俗，“斩鱼圆”为过年家宴或喜庆筵席上必备之菜，可谓无此不成席。

1. 原料

主料：草鱼、香菇、火腿（民间简单制法可不放）、鸡蛋。调料：盐、味精、香油。

2. 烹制方法

（1）将草鱼宰杀治净，片取净肉750克，将草鱼肉洗净后用刀刮出鱼茸，放入盛器中，加等量的水搅拌成泥备用。

（2）将搅拌好的鱼茸放入器皿中，加入盐、蛋清，顺时针方向搅拌上劲。

（3）锅中加适量清水，将鱼茸手挤制成鱼圆逐个下锅，小火煮至定型后捞出。

（4）锅中再加适量清汤，调入盐、味精，放入鱼圆、菜心、香菇、火腿煮熟，淋少量香油即可。

3. 成菜特点

鱼圆色白晶莹，质地肥嫩滑润，口味清鲜。

★小贴士

1. 此菜加水、加盐是关键，决定老嫩和上劲程度。
2. 搅拌鱼茸时要顺一个方向搅打至上劲，放于水中能上浮为止。

（三）银鱼水蒸蛋

称银鱼者有三种，分别是太湖新银鱼、长江间银鱼和大银鱼，其中太湖新银鱼为本地特产。太湖银鱼有大银鱼、雷氏银鱼、短吻银鱼和寡齿短吻银鱼四种，前两者较大，后两者较小；前者体长为8—20厘米，后者3—6厘米。

太湖银鱼又称脍残鱼、面条鱼、面杖鱼、小银鱼、面鱼。其体形略圆，形如玉簪，通体细嫩透明，柔若无骨，洁白无鳞，色泽似银，故称银鱼。

每年5月中旬至6月中下旬是捕捞银鱼的汛期。据史书记载，早在春秋战国时太湖就盛产银鱼。太湖新银鱼肉质细腻，洁白鲜嫩，无鳞无刺无腥味，味鲜美，营养丰富，具有特殊风味，特别是产卵前的银鱼最为丰美。枇杷黄时来长兴做客，看太湖美景的时候不要忘了品尝一下银鱼的美味。

1. 原料

主料：鸡蛋120克。辅料：银鱼50克。调料：盐5克，色拉油20克，黄酒、葱、姜、胡椒粉适量。

2. 烹制方法

(1)银鱼洗净放入小碗内用酒、盐和胡椒粉进行码味。

(2)蛋打入碗内搅匀，放盐、葱花、油、银鱼，加一碗温水，继续用筷子搅匀。

(3)盖上保鲜膜上蒸箱蒸3—5分钟左右即可。

3. 成菜特点

口感润滑、味鲜美，色泽清雅，有银鱼的特有清香。

★小贴士

1. 银鱼需要选用新鲜出水者。
2. 蒸前要进行码味处理。

（四）脆皮银鱼

银鱼另一种做法就是脆皮银鱼，银鱼营养极其丰富，含大量钙质，将其拖上脆皮糊，经脆炸后，外脆里嫩，可补充钙质，可谓老少皆宜的食物。

1. 原料

主料：银鱼 250 克。调料：面粉 100 克、色拉油 80 克、味精 2 克、精盐 3 克、胡椒粉 1 克、料酒 5 克、淀粉 30 克、快速发酵粉 5 克、料酒 10 克、椒盐适量。

2. 烹制方法

(1)银鱼洗净放入碗内用精盐和胡椒粉、料酒、味精进行码味。

(2)将面粉 100 克、淀粉 20 克加水调成糊状，然后加入冷色拉油 20 克，发酵粉 5 克制成脆皮糊。

(3)锅放于火上加入色拉油烧至 140 度左右时，将银鱼条挂上糊入锅炸制至表皮浅黄酥脆即可捞出装盘，上桌携带花椒盐即可。

3. 成菜特点

外表圆润饱满，外脆里嫩。

★小贴士

1. 脆皮糊的调制要根据季节控制好发酵粉的用量。
2. 银鱼炸前要进行码味处理。

(五)清蒸白鱼

太湖白鱼是远近闻名的“太湖三白”之一,其肉质细嫩,鳞下脂肪多,酷似鲥鱼,是太湖名贵鱼类,为鱼中上品,鲜食或腌食都十分可口。时令上有“三月甲鱼四月鲥、五月白鱼六月鳊”的说法。

白鱼体型扁长,通体细鳞,银光闪烁,洁白可爱,生长于太湖宽敞水域,是太湖名贵的经济鱼类。《吴郡志》载:“白鱼出太湖者胜,民得采之,隋时入贡洛阳。”春夏之季,梅雨时节,为白鱼丰美之时,太湖渔民习惯以入梅后十五日为渔捕旺季。捕获之,称“梅里白”,做成菜肴为时令佳肴,其中以“清蒸白鱼”最能体现出白鱼的原汁原味。

1. 原料

主料:太湖白鱼750克。调料:生姜10克、葱10克、盐10克、味精5克、色拉油20克、料酒5克、胡椒粉适量。

2. 烹制方法

(1)将白鱼宰杀洗净,在鱼身两侧剞上花刀装于盘内,加入精盐、味精、料酒、姜片、葱结和少许色拉油。

(2)打开蒸箱等上汽后将鱼放入蒸箱,大火蒸5—8分钟左右。

(3)取出白鱼拣去葱结,撒上葱花和胡椒粉,将盘内汤汁滗入碗内适当地调味后浇在鱼身上。

3. 成菜特点

鱼肉洁白,细嫩鲜美,汤汁清淡。

★小贴士

1.“梅里白”为当令原料,所以最好在5月前后来长兴做客,方能品尝到白鱼做成的时令佳肴。

2. 火候很重要,滑嫩、原汁原味是此菜的精华所在。

(六)盐水白虾

“太湖三白”中的白虾也称“水晶虾”,是太湖名产,其壳极薄,通体透明,晶莹如玉,肉嫩味鲜,营养丰富,据《太湖备考》记载:“太湖白虾甲天下,熟时色仍洁白。”白虾煮熟之后,即变为淡红色。一般5—7月是白虾的产卵期,也是捕捞旺季,此时的虾腹中虾籽饱满,渔民称“蚕子虾”。这个时候的虾肉特别鲜美,虾籽充足,虾脑充实。长兴太湖湖岸长达36千米,沿湖渔农民历来有下湖捕虾的习惯,年产量稳定在50吨左右。白虾体积小,产量不多,且渔捕有季节性。所以,到上市季节,市民就驱车至湖边,或在湖畔酒店小酌,或买回家自己加工,能吃到鲜活白虾可算口福不浅。

1. 原料

主料:白虾250克。调料:精盐15克,味精5克,米醋、黄酒、葱、生姜适量。

2. 烹制方法

(1)将买来的新鲜白虾先用清水冲洗后沥干水分。

(2)锅里放入生姜片、葱白、清水,煮开后,将白虾倒入再次煮开。

(3)然后加入黄酒、盐,煮开后撇去水中浮沫,虾变色即可关火。

(4)最后撒上葱花,盛出装盘即可。

(5)上桌时配上米醋蘸食。

3. 成菜特点

虾肉鲜嫩,色泽清雅,味极美。

★小贴士

1. 白虾出湖即死,所以最好在开捕季节到太湖边的农家乐品尝。

2. 以盐调味,简单到极致,方能体会到湖鲜的原汁原味。当地人品虾,一虾入口,片刻后,虾壳完整吐出,须爪齐全,叹为高手。

(七)咸肉蒸太湖蟹

太湖,其面积比阳澄湖大上许多,水质好,污染小,湖里养料充足,出产的大闸蟹品质在行内很有口碑。太湖蟹一般净重200—250克左右,蟹体型椭圆,背甲青绿,腹甲银白,毛黄而密,俗称“青背、白肚、黄毛、金爪”,是正宗的长江水系蟹。有人认为,现在的太湖大闸蟹品质可以和阳澄湖的大闸蟹媲美。

“秋风响,蟹脚痒”,从寒露到立冬,是太湖蟹大量上市的季节。古人诗曰“九月团脐十月尖,持蟹饮酒菊花天”,民间也有“九雌十雄”的谚语。那时,你来长兴旅游,必须到太湖大堤一游。除了饱览湖天一色的美景外,对湖当歌,饱尝一顿太湖蟹,那是多么难忘的事啊!除常见的清蒸外,本地的咸肉蒸太湖蟹亦值得一品。

1. 原料

主料:太湖蟹5只(1000克左右)。辅料:咸肉30克。调味料:黄酒10克,葱、姜适量。

2. 烹制方法

(1)将太湖蟹洗刷干净后,挖去蟹腮留蟹盖。

(2)然后把太湖蟹中间一切二对半开。

(3)咸肉切成薄片,姜切片。

(4)把对半切开的太湖蟹放在盘中按原样摆好,中间放上咸肉片,加入黄酒、少量生姜片、葱结,上面盖上蟹盖。

(5)锅里水开后,上锅蒸至变色成熟即可。

3. 成菜特点

色泽黄亮,蟹肉鲜嫩,口味咸鲜。

★小贴士

1.“九月团脐十月尖,持蟹饮酒菊花天”,到那时,太湖蟹膏厚肉实才够味。

2. 蟹性寒不可多食。

(八)清蒸茭白

江南茭白久负盛名,历史悠久,与莼菜、鲈鱼并称“江南三大名菜”。茭白原产中国,由同种植物菰演变而来,目前主要分布在长江流域以南各地。湖州古时因到处生长着菰,被称为“菰城”,自古就是菰的主产区。长兴的太湖沿岸,水域纵横,是茭白的主产区。茭白分为一熟茭和两熟茭,多在夏秋两季上市。

茭白嫩茎供食用,以嫩茎肥大,新鲜柔嫩,肉色洁白,带甜味者为佳。茭白质脆滑而略带柔性,微甘中有一股清香,为自然之本味的蔬中上品,至美之肴。清代李渔说:“蔬食之美,一在清,二在洁,茭白形质,堪担其美。”

茭白做法极多,适于炒、烧、焖、拌等烹调方法。常用作荤菜的配料,也可用于制作馅心等。但农家的清蒸吃法,有复古之风,值得推荐。

1. 原料

主料:茭白 500 克。调料:极鲜酱油,麻油。

2. 烹制方法

(1)茭白去壳,洗净,装盆。

(2)煮饭时,将茭白上锅一起蒸熟,随后取出晾凉,手撕成条装盘(刀切也可,但略减风味)。

(3)配极鲜酱油和麻油味碟,一起上桌即成。

3. 成菜特点

洁白柔嫩,咸香回味带甜,微甘中有一股清香,清淡宜人,为夏日佳品。

★小贴士

清蒸茭白一定要选嫩一点的,建议整只蒸好后用手撕成小块,更具风味。

(九)油焖茄子

新塘地处太湖西南岸,气候条件优越。“新塘一尺红”茄子以其形美、质优、味佳在长三角农贸市场拥有很好的口碑,2003 年被列为国家级无公害农产品,2005 年被评为浙江省著名商标、浙江省品牌产品和浙江省农博会金奖产品。

到新塘游玩,除了游太湖,看看现代的农业也是农家游的一项活动。参与农事,体验劳动的艰辛,最后尝一尝亲手采摘的茄子的味道,也是另有一番乐趣的。

北方吃圆茄,南方喜欢吃长茄。长茄一般能长到 50 厘米,而现在长到 30 厘米就采摘了,所以叫“一尺红”,其特点是皮薄肉白,质嫩无籽。它的营养成分除蛋白质、脂肪、矿物质、维生素、粗纤维等等外,还含有比较丰富的维生素 P。茄子有多种吃法,烧、焖、蒸、炸、拌等都很适合,油焖茄子就是本地有名的家常菜。

1. 原料

主料:茄子 400 克。调料:植物油 60 克,酱油 30 克,料酒 10 克,白糖 13 克,精盐 3 克,味精 2 克,葱花 2 克,姜末 2 克,清水 100 克。

2. 烹制方法

(1)将茄子切去柄,把蒂洗净,切成滚刀块,类似于菱角式样,放入盘中。

(2)炒锅放于旺火上,放入植物油,烧至五成热,倒入茄子煸炒,炒到见茄子酥软吐油为止。

(3)撒入葱花、姜末、清水,再加入料酒、酱油、白糖、精盐,翻动几下,烧开后,盖好炒锅,转入小火,焖煮约 1 分钟直到汤汁稀少时移至旺火上翻炒几秒钟,加入味精和植物油各 15 克,把炒锅晃动几下,待卤汁稠浓即可。

3. 成菜特点

茄子软烂,味咸甜。

★小贴士

1. 茄子喜重油,炒制时可用油多一点,茄子变软后加调味汁才入味。
2. 茄子过油时的时候注意要用盖子挡,避免被油溅到。

（十）香炸梅鲚鱼

太湖梅鲚，俗称梅鲚鱼，因其尾部分叉，短呈红色，尖细窄长，犹如凤尾，故又称凤尾鱼，与太湖银鱼、白虾齐称“太湖三宝”，是太湖主要经济鱼类之一，年产量在1万—1.3万吨，其中95%以上由长兴产销。《万历野获编》记载：“从明朝洪武年起，太祖命每年岁贡梅鲚万斤。”故又称“贡鱼”。

每年8—10月的3个月是围捕梅鲚的旺季，民间有“七月七，梅鲚齐”的谚语。捕捞期可直到次年的2月中旬。长兴县位于太湖沿岸的新塘乡，每年到九十月份就成为梅鲚鱼的主要集散地。

梅鲚除鲜食外，太湖渔民通常习惯把刚捕捞起来的梅鲚及时用木炭火缓慢烤干，制成鲜美而无腥味的梅鲚干，为太湖著名特产，被人们视为席上珍品。

新鲜梅鲚需要在捕捞季节到长兴方能品尝。其鱼干烹调方法多种多样，清蒸或红烧均可，最佳的吃法是油炸，食之酥脆清香而又鲜美，回味久在，久食不腻不厌，是下饭佐酒的佳品。

1. 原料

主料：梅鲚鱼500克。辅料：植物油100克，料酒10克，精盐2克，味精2克，葱10克，老姜5克，干红辣椒2克，花椒盐、胡椒粉各少许，生粉适量。

2. 烹制方法

(1)将梅鲚鱼洗净，放入盘中加料酒、老姜、葱结、盐、味精、胡椒粉，稍加腌制。

(2)炒锅放在旺火上，放入植物油，烧至五成热，将梅鲚鱼拍上少量生粉放入油锅，炸到表面结壳变硬时捞出，待油温回升时再次倒入锅中进行复炸，至颜色金黄时捞出控油。

(3)原锅洗净，加少许油，烧热后撒入葱花、姜末煸香后，倒入梅鲚鱼，加入椒盐、干红辣椒翻炒均匀即可出锅装盘。

3. 成菜特点

口感酥脆，咸鲜适口。

★小贴士

1. 炸制前要适当进行调味，加胡椒粉能更好地去除腥味。
2. 控制火候和油温，一般在五到六成热左右，为达到酥脆的口感，要进行复炸。

（十一）清焖巴鱼汤

太湖巴鱼又名巴肺鱼，俗称泡泡鱼，外观与河豚相似。但巴鱼只在太湖水域才有出产，每年的8—10月为上市旺季，是一种无毒的小型豚鱼。该鱼鱼皮粗糙，鱼腹皮为白色，背呈青灰色，有斑点，头大，外表皮不能食用。该鱼的肝肥而嫩，鲜美异常，做汤色美味鲜，巴肺汤为环太湖地区的名菜。太湖水域的巴鱼，似河豚而无毒，肉细嫩，味堪与河豚比美。

1. 原料

主料：太湖活巴鱼500克。辅料：熟火腿片、熟猪油各15克，水发香菇片、熟笋片各10克，豌豆苗5克，绍酒25克，精盐7克，味精、白胡椒粉各2克，葱末5克，鸡清汤750克。

2. 烹制方法

（1）将巴鱼脊背向外，放在砧板上，左手捏住鱼腹的边皮，用刀把鱼皮划破，顺势剥去鱼皮，取出鱼肝（俗称鱼肺），摘去胆洗净。再挖去鱼的内脏，放清水中撕去粘膜，洗净血污。将鱼肉、鱼肝分别片成两片，放入碗中，加精盐2克，葱末、绍酒各5克拌匀稍腌。

（2）炒锅置在旺火上，加鸡汤烧沸，将鱼片、鱼肝放入，加绍酒20克、精盐5克烧沸，撇去浮沫，放火腿片、笋片、香菇片、豌豆苗，加味精，烧沸后倒入汤碗，淋熟猪油少许，撒上胡椒粉即成。

3. 成菜特点

鱼肝肥嫩，肉质细腻，汤清鲜美。

★小贴士

1. 此鱼似河豚而无毒，皮粗糙不可食，但目前多以幼鱼烹制，皮也入菜。

2. 为保证汤汁的清鲜，煮开时要撇去浮沫，配以熟火腿片、笋片能进一步起到提鲜的作用。

（十二）百合莲子银耳羹（甜品）

太湖百合，产于湖州市太湖沿岸等地。湖州百合个大肉肥，清香微苦，洁白如玉，营养丰富，有“太湖人参”之美称，可烹制成多种色佳味美的菜肴和各种点心、甜羹。

江浙沪一带以鲜食为多，吃法是先将鳞片一爿爿剥下，撕掉每片的外层膜，清水洗净后投入沸水浸漂 10 分钟，使百合瓣失去韧性，去其微苦味，然后加水和糖用文火煨烂，其味香酥如蜜。百合还可以和红枣、绿豆等制成清凉饮料，或做成八宝百合、蜜汁百合、干蒸百合和八宝甜饭等，其质地软糯，香甜可口，并有止咳的疗效。

1. 原料

主料：干百合 50 克。辅料：银耳 3 朵，莲子 20 克，冰糖 100 克，枸杞 10 克，清水适量。

2. 烹制方法

（1）把银耳用温水泡发，约半小时后洗净，剪去根部，然后用手撕成小片；莲子和枸杞也分别用温水泡发备用。

（2）把撕成小片的银耳放入砂煲内，倒入足够多的清水，开大火煮开后盖上盖子转文火煲 1—2 小时。

（3）待银耳煮至浓稠后，放入冰糖搅拌均匀，然后倒入莲子，盖上锅盖小火煮半小时。

（4）最后放入百合和枸杞再煮 15 分钟左右即可，将煮好的银耳羹放入冰箱冷藏后食用口感更好。

3. 成菜特点

软糯爽滑，口感香甜。

★小贴士

1. 此款甜品有滋阴润肺、益气养心的功效。

2. 银耳要煮很长的时间才会黏稠，建议家里有高压锅的用高压锅来煮，排气后用最小火再焖半个小时。

3. 莲子、百合煮的时间不能太长，不然就过酥，口感不佳，但是莲子要在百合前入锅，枸杞最后才放入，枸杞放入过早会产生酸味。

二、八都煤山历史文化遗迹游

从小浦八都向西北翻山而去，即是煤山、槐坎一带，这一线是长兴有名的历史遗迹区域。此外有八都岕古银杏长廊，3万余株原生古银杏树绵延12.5千米，尽显“原、野、奇”风姿；有金钉子远古世界景区，可探寻生命起源，与远古生命恐龙对话；有新四军苏浙军区革命旧址群，可以缅怀先烈，感怀红色文化。

1. 地质古遗迹金钉子

地质古遗迹金钉子是全球最完整的二叠到三叠系界线层型剖面和点位，2001年3月被国际地质科学联合会正式确定为全球对比标准点位，是地球史上三个最重要的断代界线之一。金钉子完整地保存了2.5亿年前地球史上最大的一次生物灭绝事件的信息，它对于帮助人类了解地球历史、探求地球生物演化奥秘具有极其重要的意义。

2. 十里古银杏长廊

十里古银杏长廊位于小浦镇八都岕。岕内青山排挞，大涧中流，12.5千米长的银杏林成为一道以“原、野、奇”为特色的风景线，人们称誉为“走遍天下景，难见银杏古树群”。

3. 新四军苏浙军区纪念馆

该纪念馆位于槐坎乡温塘村。新四军苏浙军区旧址于1961年被公布为浙江省首批重点文物保护单位，1976年建立新四军苏浙军区司令部旧址文物保管所。1985年由江渭清题写馆名，纪念馆正式建立。2001年6月25日，新四军苏浙军区旧址(含15个点)被国务院公布为全国重点文物保护单位。

此区域内，群山环抱，植被葱郁，森林覆盖率达80%，山清水秀，自然风光十分优美，山珍野味，出产丰富，最著名的当属被称为“长兴四宝”的银杏、板栗、青梅、栝楼。游客到此游玩，“长兴四宝”是一定要品尝的，更不要忘记带点回去给亲戚朋友品尝。

银杏俗称白果，长兴主要有两个品种，一个叫梅核，一个叫佛手。梅核俗称圆银杏，形状像梅子核，颗粒较小，果仁软滑甘甜，清香味美；佛手俗称长银杏，两头尖，颗粒较大。长兴银杏质冠全国，营养丰富，有延缓衰老，润滑皮肤的作用。炒银杏是长兴风味食品，其他银杏菜肴也美味可口。

青梅属绿色水果，生食能生津止渴，开胃解郁，也适宜加工成多种果脯和蜜饯。盐梅能解热，祛风寒。乌梅有敛肺涩肠、止久咳、消肿等多种功能。果汁可治肠炎、痢疾等。旧志记载长兴梅园：“出吉祥门有梅花墅，小浦空王教寺有梅花弄。”用青梅烘焙的乌梅干，历史上产地主要在合溪八都岕一带，故称“合梅”，在东南亚各国享有盛誉。长兴被誉为“浙江青梅第一县”。

吊瓜为长兴有名的特产，其学名为栝楼，吊瓜籽药用与实用价值极高。据《本草纲目》记载，有健胃、润肺、化痰、散结、滑肠的作用，是不可多得的药膳食品，长期食用，有益健康。其籽炒制后味香适口，是“天然、野生、绿色”的保健食品，是食用瓜籽中的上品。栝楼产业是长兴县近年来快速发展起来的新兴产业，在白岘、泗安等地已形成万亩栝楼基地，全县种植面积达4万多亩。

长兴板栗，历史悠久，明朝被列为贡品，色红肉厚，味美可口，营养丰富，品质优良，主要品种有油光栗、马齿青、大红袍、魁栗、茶果栗等。

推荐美食

(一)银杏肉圆

长兴的白果产量居全国首位，被誉为“白果之乡”。主要产地有长兴县小浦、煤山、槐坎、白岘、太傅等地山区，其中尤以小浦镇八都岕为盛，十里银杏长廊，延绵不断，蔚为壮观。长兴白果，质地细腻，营养丰富，早在宋代就被列为贡品。品种主要有梅核和佛手两种。

白果可以采用炒、烤、蒸、煨、炖、烩、烧等多种烹饪方法，食其种仁，可炒食、烤食、煮食或拔丝，可作为菜肴的主料或配料，如拔丝白果、蜜汁白果、白果鸡丁，也可作为糕点配料。

说起银杏菜肴，小浦镇八都岕人最有发言权了：银杏南瓜羹、果三宝、椒盐双果……不过，在那里的山庄里，最受欢迎的还要数银杏肉圆。几乎每一位到山里的客人都要点一份特色银杏肉圆，一些杭州、上海、南京来的客人还会在走的时候打包几份带走。

1. 原料

鲜银杏仁300克，夹心肉500克，葱花、姜末、盐、料酒、植物油适量。

2. 烹制方法

(1)先将银杏仁剁成末，夹心肉也剁成末备用。

(2)将银杏末、肉末加葱花、姜末、盐、料酒、生粉拌均匀，搓成丸子备用。

(3)将做好的丸子入油锅中炸到定形，再用高汤小火慢慢炖至入味即可。

3. 成菜特点

色泽鲜亮，味道鲜美，口感油而不腻。

★小贴士

1. 银杏芯要去除，一去苦味，二防中毒。

2. 高汤慢火炖至入味方是关键。

3. 鸡蛋可以更好地把银杏仁和肉黏合在一起，让肉更有嚼劲，做出的肉圆也更容易成形，过油之后不会散开。

(二)小炒黄牛肉

长兴黄牛属南方黄牛品种,体型较小,山区农户常见饲养,除役用外,现多为菜牛。山里出产的牛肉多自然放养,肉质鲜嫩美味,是最受欢迎的天然食品。槐坎乡仰丰村是长兴县有名的养牛村,山民自养的黄牛其肉是原生态的,在参观了槐坎温塘新四军纪念馆后,在村口小店点一份小炒黄牛肉,以补充体力,下午爬山能更有干劲。黄牛肉属于温热性质的肉食,利于补气,是气虚之人进行食养食疗的首选肉食,就好比气虚之人进行药疗常常首选黄芪那样,所以《韩氏医通》说:"黄牛肉补气,与绵黄芪同功。"

1. 原料

槐坎黄牛肉 200 克、红辣椒 3 根、野山椒 40 粒、泡椒水 2 汤匙、花生油适量、鸡精 1 茶匙、酱油 2 茶匙、生粉 5 克、生姜 1 块。

2. 烹制方法

(1)将野山椒和红辣椒切成小段,生姜和大蒜切成末。再将黄牛肉切成小薄片,加入生粉、少许姜、酱油抓匀,再倒入少量的花生油腌 10—15 分钟。

(2)炒锅放油,油七成熟时放腌好的牛肉滑散后捞出备用。

(3)锅里留底油(如果油不清亮的话,重新洗锅倒油),加入生姜、大蒜、野山椒、红辣椒炒香后倒入泡椒水。

(4)将滑散的牛肉倒入锅内翻炒均匀入味,加入鸡精炒匀起锅装盘即成。

3. 成菜特点

香味浓郁,口感滑嫩,辣得得体。

★小贴士

1. 黄牛肉的口感要比水牛肉好得多,相对于水牛肉来说,黄牛肉的肉质比较细嫩,肉味鲜美。

2. 牛肉要逆着肉的纹路来切,这样口感会嫩一些。

3. 牛肉下锅炒的时间不要太长,要大火快炒,炒至变色后即可,以免口感太老。

（三）香椿炒蛋

香椿头，又叫香椿芽、香椿尖，被称为“树上蔬菜”，多分布长江流域地区。每年春季清明前后，嫩芽生发，及时采摘，便可上市。香椿芽的食用季节性较强，香椿要吃早，吃鲜，吃嫩，“明前椿芽嫩如丝，雨后椿芽如木质”。香椿头具特殊芳香味，鲜美可口，以鲜食为主，可炒食、腌制，也宜作调味用，如椿芽炒蛋、椿芽拌冷面等。在吃法上有很多，炒、拌、蒸、炝等。

古时，山区村口路边多种此树，春天一到，村民即上树采摘食用，现已经多为人工种植，香味大减，要想吃到原汁原味的香椿，可到山村一游。

1. 原料

嫩香椿头 150 克，鸡蛋 6 个，盐、料酒、植物油适量。

2. 烹制方法

（1）将香椿头洗净，用开水烫一下，再捞出放入冷水使之变凉，捞出过凉切末。

（2）将鸡蛋磕入碗内，加入香椿、盐、料酒，搅成蛋糊。

（3）炒锅注油烧至七成热，将鸡蛋糊倒入锅内，翻炒至鸡蛋嫩熟，淋上少许熟油，装盘即可。

3. 成菜特点

金黄翠绿相间，香椿味浓。

★小贴士

1. 为时令佳肴，一定要在上市季节来长兴一游，方能品尝正宗之味。

2. 在沸水中焯烫1分钟左右，可以除去三分之二以上的亚硝酸盐和硝酸盐，同时还可以更好地保存香椿的绿色。

（四）板栗烧鸡

板栗为长兴特产，明朝贡品。长兴板栗与青梅、白果并称“长兴三宝”。长兴板栗主要产于长兴县泗安、小浦、煤山、二界岭、吴山、长潮等乡镇，品种主要有处暑红、大油光、紫皮、魁栗、马齿青等。深秋，家家上树打栗子，是板栗上市的季节，也正是桂花飘香的季节。板栗在烹饪中运用十分广泛，适于烧、煨、炒、炖、扒、焖、煮等烹调方法，咸甜均可。以新上市的板栗与当地散养的土鸡合烹，佐以新米饭，在绿树环绕的农庄与朋友把酒长谈，当真有“故人具鸡黍，邀我至田家。绿树村边合，青山郭外斜”的意境了。

1. 原料

板栗350克，鸡半只，大蒜3粒，青、红辣椒各1根，花椒30粒，八角1粒，生姜1块，葱头2截，酱油1汤匙，黄酒1汤匙，鸡粉1汤匙，水淀粉1汤匙，香油半汤匙，盐适量。

2. 烹制方法

（1）将板栗在背部开个口或剖成两半，用开水浸泡5分钟，去壳去膜，把生姜切成片，青、红辣椒切段，将鸡切成小块，反复冲洗漂去血水后，沥干。

(2)炒锅内放油,油热后,加鸡肉,炒干水分后捞出。锅洗净另行放油,放入花椒八角炒出棕褐色,有椒香的时候,下葱姜蒜炒香。

(3)往锅内投入鸡块,加黄酒、酱油翻炒均匀。

(4)往锅内注入没住鸡块的水,调入适量盐,加板栗翻均匀,以中小火加盖焖烧。

(5)锅内收汁时,加入鸡粉、1 汤匙水淀粉翻炒均匀,淋入香油,最后加入青、红辣椒段即可。

3. 成菜特点

鸡肉酥烂,板栗香甜,时令佳肴,美味可口。

★小贴士

1. 生板栗巧去皮:用刀将板栗切成两瓣,去掉外壳后放入盆里,加上开水浸泡一会儿后用筷子搅拌,板栗皮就会脱去,但应注意浸泡时间不宜过长,以免营养丢失。

2. 本菜味咸甜,以回味甜香、口感鲜为度。

(五)清炒番薯梗

番薯梗即番薯的嫩茎,原来人都弃之,是不食用的,现在农家菜正为流行,这种土菜因为清雅爽口,非常受城市市民的欢迎。五六月间,番薯藤正旺,人们便吃番薯梗。到了秋天,番薯的根块长成,就可以掘起来上市了。

它是夏季的理想蔬菜,食用方法简单,可取嫩梗,用开水烫熟后,佐以香油、酱油、醋、盐等调料,制成凉拌菜。喜辣者,也可用辣椒油,根据各自习惯,分别拌成酸辣味、芥末味、姜汁味等不同口味;也可与肉丝加调料爆炒,食之色香味美,清香甜美,别有一番风味;还可以烧煮成汤类或在熬粥将熟时放入粥中,以增加食欲。还可腌制成咸菜。

本地多配以蒜末清炒,清脆爽口。此菜以番薯梗为主料,配以适量的南瓜段,别有一番农家风味。

1. 原料

番薯梗 200 克，南瓜 50 克，蒜、油、盐、糖、味精、麻油等调味品适量。

2. 烹制方法

(1)番薯梗撕去表皮，切段，南瓜切小条，大蒜切末。

(2)油热后，先下南瓜条略为翻炒。

(3)再下蒜末爆香。下番薯梗略炒后，加少量糖、盐和一点点水。

(4)最后，加少量味精，滴几滴麻油，起锅。

3. 成菜特点

淡淡清香，口感脆爽。

★小贴士

1. 番薯梗要撕去表皮，否则影响口感。

2. 炒番薯梗火候要旺，旺火速成。

(六)清炒南瓜藤

南瓜南北皆有，一身是宝。光绪时期的《顺天府志》说："南瓜，可煮可炒，能充饥，其子可炒作果，土人名倭瓜子。"南瓜以嫩果和成熟果入馔，适于炒、烧、煮、蒸等烹法，也可作糕点的馅心。南瓜可代替粮食作主食，也是重要的食品雕刻原料。南瓜的花好看，更好吃。用南瓜花挂上蛋糊炸制，香软甜蜜。

南瓜藤即南瓜的嫩茎，表层是长有小刺的粗筋，要撕去才能食用。绿色湿润的梗芯又嫩又软又脆，以蒜末清炒，呈现翡翠的颜色，清香四溢，绿意荡漾，清脆爽口，为夏日佳肴。

1. 原料

南瓜藤 750 克、蒜瓣 20 克、干辣椒、盐、鸡精。

2. 烹制方法

(1)将南瓜藤的叶子和老杆摘去,藤嫩尖上的小叶片保留,藤上的须也保留。

(2)小心地将南瓜藤外皮绒毛撕干净,再将藤用手撕开掐成小段,把多余的筋撕去,藤须也掐成段,一起清洗干净滤干水备用。

(3)蒜瓣切片,干辣椒切段。

(4)坐锅烧油,大火下蒜瓣、干辣椒段炒香,迅速下南瓜藤一起翻炒到断生,调盐撒鸡精拌匀即可。

3. 成菜特点

清脆爽口,蒜香四溢。

★小贴士

1. 南瓜藤表面的绒毛一定要撕干净,老杆也不要留,否则影响口感。

2. 此菜要稍微多放点油,南瓜藤很吃油的,大蒜必放,起增香作用,有条件的话用猪油炒会更加清香。

3. 要旺火速成,不能炒过久,炒黄炒老了就不好吃了。

(七)玉米莲藕排骨汤

以农家常见的莲藕、玉米与本地猪排合烹,三味相融,汤纯味鲜。

玉米素有长寿食品的美称,含有丰富的蛋白质、脂肪、维生素、微量元素、纤维素及多糖等,维生素含量是稻米、小麦的5—10倍,还含有多种微量元素,是其他米类不能比拟的。纤维素不但可以刺激肠蠕动,防止便秘,还可以促进胆固醇的代谢,加速肠内毒素的排出。玉米含有的维生素A和维生素E及谷氨酸,这些成分具有抗衰老作用。

莲藕,又称藕,属睡莲科植物,微甜而脆,可生食也可做菜,而且药用价值相当高。莲藕含有淀粉、蛋白质、天门冬素、维生素C以及氧化酶成分，其含铁量较高，因此对缺铁性贫血的病人颇为适宜。生吃鲜藕能清热解烦，解渴止呕。煮熟的藕性味甘温，能健脾开胃，益血补心，故主补五脏，有消食、止渴、生津的功效。

1. 原料

主料：排骨250克、藕100克、玉米150克。调味料：酒、盐、味精、高汤、葱姜。

2. 烹制方法

(1)将排骨、玉米切段，藕切片。

(2)排骨焯水，洗净晾凉，备用。

(3)汤锅中加高汤适量，先下排骨，大火烧开后去浮沫，再分别下玉米、藕。

(4)加酒、盐、葱、姜等，大火烧开后转小火，烧至排骨酥烂入味即可。

3. 成菜特点

色泽淡雅，汤纯味鲜，田园农家风味足，荤素搭配有益健康。

★小贴士

排骨要焯水，去除血水浮沫。

(八)生煸草子

草子，学名苜蓿，又名草头、红花草、紫云英等，江南多在田地中种植，翻耕作为肥料以增田力。本地称其为“草子”，意为“草之嫩头”。草子营养丰富，位于众多蔬菜之首。草子入菜很简单，以清炒、生煸最能体现其清爽淡雅的特点。生煸草头，也是上海传统名菜。摘梗留叶，重油烹酒，柔软鲜嫩，自成一格。春天，田间一片嫩绿，来到长兴乡间，尝一尝生煸草子，感受一下春天的气息，那是多么惬意的事啊。

1. 原料

主料：草头500克。调料：酒、味精、盐、猪油。

2. 烹制方法

(1)将草头去老梗、败叶，选有三片叶子的嫩头部分，用水洗净，沥干。

(2)炒锅上火，经滑锅后，加入猪油，烧至九成热时，放入草头旺火急煸，加精盐，用铁勺不断推拌煸散，连续翻炒，使草头受热均匀；

(3)加味精、酒，炒至草头柔软碧绿，即出锅，平摊在盘内即成。

3. 成菜特点

碧绿油润，柔软鲜嫩，浓香入味。

★小贴士

1. 在烹制此菜时，关键是用旺火热锅热油煸炒，翻炒速度要快，至原料断生为好。

2. 煸炒的特点有“三个不”：原料事先不经过调味拌渍，不挂糊上浆，起锅时也不勾芡。

3. 用猪油和加酒主要起增香作用。

(九)五谷丰登

将芋艿、甜玉米、紫薯、花生、栗子五种常见的农家食材，制熟后合装在一盘上桌，寓意“五谷丰登”以讨口彩。此五种原料营养丰富，为天然绿色食品，深受城市市民的喜爱，为农家乐饭店必备佳肴。

芋艿又称芋头，原产我国和印度、马来西亚等热带地区。口感细软，绵甜香糯，易于消化，是一种很好的碱性食物。它既可作为主食蒸熟蘸糖食用，又可用来制作菜肴、点心。芋艿的营养价值很高，是老幼皆宜的滋补品。

玉米，原产于南美洲，后传至世界各地，是全世界公认的“黄金作物”。玉米中的维生素含量非常高，是粗粮中的保健佳品。甜玉米是特种玉米的一种，营养价值要高于普通玉米，它集中了水果和谷物的优质特性，具有甜、黏、嫩、香的特点，有“水果玉米”“蔬菜玉米”之称，以易于咀嚼和消化吸收快而备受消费者的喜爱，煮熟以后可以长期保持原有风味，是一种较有发展前景的新型玉米。

紫薯又叫黑薯，是世界卫生组织评选出来的“十大最佳蔬菜”冠军。薯肉呈紫色至深紫色。它除了具有普通红薯的营养成分外，还富含硒元素和花青素。花青素对100多种疾病有预防和治疗作用，长期食用具有提高人体免疫力、抗癌防癌、软化血管、降血压、降血脂、补钙、健身、美容等保健作用。紫薯不仅是健康食品，还是祛病的良药。

花生又名落花生，原产于南美洲。被人们誉为“植物肉”，含油量高达50%，品质优良，气味清香。花生作为老百姓喜爱的传统食品之一，自古以来就有“长生果”的美誉，民谚道：“常吃花生能养生”。研究发现，花生具有一定的药用价值和保健功能，能降低胆固醇、延缓人体衰老、促进儿童骨骼发育、预防肿瘤。

板栗又叫栗子，中国有句民谚：“七月杨桃八月楂，十月板栗笑哈哈。”栗子既可生吃，又可炒吃、烧菜和入药，是一种补养治病的保健品。中医学认为，栗子性味甘温，有养胃健脾、补肾壮腰、强筋活血、止血消肿等功效。栗子素有“干果之王”的美称，常食栗子，对抗老防衰、延年益寿大有好处。

1. 原料

芋艿100克、甜玉米150克、紫薯150克、花生50克、栗子150克。

2. 烹制方法

(1)花生、栗子洗净表面，捏或切开小口。紫薯洗净切块，玉米切寸段，芋艿洗净。

(2)将食材依次摆入蒸笼中，大火蒸30—40分钟即可。

(3)各种原料各取适量，装盘上桌。

3. 成菜特点

色泽美观，营养丰富。

★小贴士

1. 若选择的原料口感较淡，可在其表面撒盐或带味碟上桌。

2. 材料数量根据喜好和人数自定，还可以根据喜好选择荸荠、山药、南瓜等。

3. 紫薯、芋艿、栗子熟食时易滞气，因此不宜食用太多而消化不良，温热甚者不宜食用。

4. 花生霉变不可食，有致癌作用。

(十)葱油芋艿

水泽之地，湖泊池塘密布，岸边洼地很适宜种植芋艿，此地出产的红梗芋艿，又称香梗芋艿，香糯可口。中秋节前后，芋头成熟了，一窝里不但有大芋艿(芋母)，还有大大小小的小芋(芋头)，寓意着人丁兴旺，团团圆圆。南方人有中秋节吃芋头的习俗，也许就是讨这个口彩吧。此时桂花盛开，幽香轻飘，吃桂花糖芋艿是本地入秋后的时令习俗。

芋艿软酥糯滑，如玉似脂粉且柔，清润嫩烂，入口即化。芋艿的食用方法很多，煮、蒸、煨、烤、烧、炒、烩均可，只要烹制得法，都可成为美味佳肴。

1. 原料

芋艿 400 克，葱、蒜、盐、糖、酒、味精等调味品。

2. 烹制方法

(1)选红梗芋艿连皮洗净，放入锅中加水没过，煮开后，改小火煮 20 分钟至熟烂，停火晾凉，将芋艿去皮，大个每个对切两半，小的可以不切。葱蒜洗净，切末备用。

(2)烹制时，将芋艿装盘上笼蒸热。另锅放油加热，加入少量葱蒜末爆香，加高汤、盐、糖、酒、味精等调味后勾薄芡，浇淋在芋艿盘中。

(3)芋艿上撒上葱蒜末，浇上热油即可上桌。

3. 成品特点

芋艿软酥糯滑，葱香四溢。

★小贴士

1. 芋艿先煮熟再烧，汤汁能产生香黏的口感。
2. 这道菜冷热食均宜，隔顿吃不需再回锅，热食很松软，冷食很香且筋道。
3. 此菜要重用葱蒜，喜辣者也可将红辣椒切末，和葱蒜末一起撒上，淋香油即可。

(十一)香炸鮆鲦

鮆鲦属鱼纲鲤科,此鱼春季繁殖,春夏季为丰产期,此时肉质丰满,质地鲜嫩,为最佳食用期。此鱼多产于江南水乡小河湖泊近岸及桥埠边,乡人多撒网捕食。此鱼肉质细嫩鲜美、但刺多而细。用手挤出内脏、鱼鳃,放在淘米箩中,快速搅动,去其细鳞,烹制菜肴多用油炸、清蒸之法,为佐酒佳肴。

1. 原料

主料:鮆鲦 400 克。调料:植物油适量,盐、酒、葱、姜、十三香、麻辣鲜适量。

2. 烹制方法

(1)将鮆鲦去鳞、鳃,去除内脏等,洗净后用盐、酒、葱、姜、十三香、麻辣鲜各少许腌渍 30 分钟。

(2)将腌渍后的鮆鲦沥干水分,锅中放入大量植物油,大火烧五成热,将鱼一条一条加入锅中,大火炸至七分熟捞出。

(3)捞出的鱼放几分钟,再次加热锅中的油,然后将七成熟的鱼再次放入锅中炸至全熟捞出即可。

3. 成品特点

色泽金黄，酥香鲜脆。

★小贴士

1. 要使炸出来的鱼从里到外香脆酥，味道越吃越香，油温的控制是最主要的。第二次炸是为了使鱼更加入味，不要一次都炸熟。

2. 要去除腥味，炸制前一定要腌渍一下。

三、和平方向休闲观光农业游

从长兴县城向南出发，一路经过包桥、虹星桥、吕山、便民等地，就到了和平。此区域位于长兴的中南部，历史文化背景非常丰富，旅游资源也很丰富。和平有一千五百多年文化内涵的城山景区；有海拔560多米的韩国佛教国师寻访祖师的遗址霞幕山景区；有青山绿水交相辉映的和平水库(周坞山)景区。还有新石器时代的“马家浜”文化遗址，久负盛名的法海禅寺遗址，晋建威将军莫垓之墓，孔子周游列国歇息之处七里亭，有2500年前吴越争霸，吴国丞相伍子胥在吕山乡兴建粮仓的“胥仓”“胥仓桥”遗存，也有范蠡、西施隐居之地——蠡塘村(里塘)等遗存，为此区域的旅游休闲提供了富有特色的胜地。

此区域有山丘，有平原，是长兴县主要的农业区。近年来，当地政府大力发展观光高效农业，取得了令人瞩目的发展，如和平重点开发“生态、白茶、宗教”等优势旅游资源，大力开发城山、霞幕山和周坞山风景区，以白茶街为统领，结合农家乐特色，整合万亩白茶园、亿丰农业、水蜜桃基地等农业观光资源，打造精品观光线路。现已建成“城山牌”桃子、“霞幕山”白茶、“今明牌”大米和“城山牌”竹笋四个国家级无公害农业基地。又如虹星桥，素有“浙北西瓜之乡”美誉，特产遐迩闻名，所产“虹观牌”西瓜成为长兴特色农业亮点，获得浙江省农业博览会金奖；虹星桥也被列为浙江省无公害生产基地。另外还有3万亩西瓜、1万亩蕃薯、3万亩鱼塘等，可开发西瓜汁饮品、西瓜脯休闲食品、西瓜类保健品，粉丝、粉皮，水产品加工等产品。再如吕山的“马头湖羊”和“胥仓雪藕”也很有当地特色，此线路可品尝的农家菜多产自田园地头，绿色环保，值得一尝。

推荐美食

(一)炒蚕蛹

浙江省农村自古家家就有养蚕的习惯。每年新春，是大量新鲜蚕蛹上市的季节，蚕蛹资源极为丰富。当地人除留下少量做种外，大量蚕蛹经蒸熟、腌制和爆炒等成为佳肴。营养专家认为蚕蛹含有丰富的蛋白质和少量的糖、脂肪、维生素及多种微量元素，营养价值高于鱼、肉、蛋、奶，对于促进人体生长发育，补偿代谢消耗等尤为重要。明代李时珍在《本草纲目》中指出：“蚕蛹味咸辛、性平、无毒，人食可强身健身，入药可医多病，能补气养血、强腰壮肾、滋肺润肠。”

蚕蛹入食在我国有悠久的历史。据悉蚕蛹蒸煮入宴有1400多年的历史，在北魏贾思勰《齐民要术》中，就有“以蚕蛹御宴客”的记载。

1. 原料

蚕蛹 300 克,韭菜 200 克,尖椒、姜、蒜、胡椒粉、生抽、盐等调味品适量。

2. 烹制方法

(1)将蚕蛹、韭菜、辣椒洗干净。

(2)韭菜切段,尖椒切圈。

(3)起油锅,爆香姜蒜、辣椒。

(4)下蚕蛹煸炒一会,加入韭菜炒匀。

(5)待韭菜炒熟后,加入盐、生抽、胡椒粉、鸡精调味。

3. 成菜特点

香辣适口,别具风味。

★小贴士

1. 蚕蛹变色发黑或呈粉红色,有麻味或麻辣感的不可食用。蚕蛹发生异味、恶臭的不可食用。

2. 蚕蛹放置时间:冬天超过一周、夏天超过 20—30 小时的,不可食用。

3. 有鱼、虾等食物过敏史的人不可食用蚕蛹。

(二)青豆炒"菱网头"

虹星桥、吕山等地湖泊众多,是长兴县菱藕的主产区。菱角除果实可食用外,其嫩茎亦可食用,嫩茎细长青绿,本地称"菱网头",又称"菱网"。成片的菱叶生长在一起,据说水鸟钻不进,鱼儿浮不起,所以称为"菱网"。菱叶盛时,乡人摘其嫩叶连根煮食,其实就是野菱的茎。在它嫩的时候从河塘里捞起来,摘去小小的叶片,放在沸水里煮一下,去掉苦涩味,然后就浸泡在清水里。吃的时候切成小段,加辣椒或蒜泥炒一下就行了。咬在嘴里韧性十足,别有风味。

1. 原料

主料："菱网头"300 克、青豆 100 克、红椒少许。调料：盐、食用油、白糖、鸡精。

2. 烹制方法

(1)取新鲜"菱网头"，摘去叶，摘去藤上的小细须。自己采摘的话，这个处理工作是需要耐心的。到农贸市场买时，一般已经处理好了。

(2)洗净后放入开水焯熟，捞出放入清水浸泡，中途需要经常去挤捏，去除"菱网头"中的涩味，反复几次。最后用清水洗净，切碎备用。

(3)毛豆去壳，红辣椒切段待用。

(4)热油锅下红辣椒爆香，接着下毛豆翻炒至毛豆成熟，下"菱网头"翻炒。

(5)加盐适量，加白糖、鸡精各少许，翻炒均匀，调好味就可装盘上桌。

3. 成菜特点

脆韧爽口，别有风味。

★小贴士

1."菱网头"非常吸油，所以要多放些油，否则口感不佳，吃起来会有点柴的感觉。

2. 要多用清水浸泡，去除涩味。

3. 为初夏日时令菜，此菜做法简单，关键在原料的选购，毛豆、"菱网头"要嫩才好。

(三)桂花糯米藕

长兴吕山胥仓所产的"胥仓藕"最有特色，其他地方的藕多为九孔，"胥仓藕"却为十一孔，传说这和越国大夫范蠡有关。该品种质地优良，它的根茎粗壮，肉质脆嫩多汁且清香味甜，洁白无瑕，人们均爱食它。莲藕以 6—9 月为盛产期，上市量大，但根据食用的习惯不同，各季都有食用，时间略有变化。初夏的莲藕最嫩，据说味道与鸭梨很类似，也称"果藕"。诗人韩愈赞它“冷比霜雪甘比蜜，一片入口沉疴痊”。可以生吃，也常用作凉拌，清脆爽口，是消夏佳品。

待深秋，莲花枯萎，藕老熟后，除少数留种外，老藕起塘出售。老藕质老，淀粉含量高，宜熟食，灌以糯米，焖至酥烂，切片浇以蜜汁，香糯甘美。

桂花糯米藕又名蜜汁糯米藕，糯米灌在莲藕中，为江南传统菜式中一道独具特色的中式甜品，以其香甜、清脆、桂花香气浓郁而享有口碑。

1. 原料

莲藕 1 节，糯米适量，红糖、冰糖各 45 克，桂花蜂蜜 30 毫升，红枣 6 粒。

2. 烹制方法

(1)将藕洗净，去皮，斜切去一端藕节，两三厘米即可，留作盖子用，使藕孔露出，再将孔内洗净，沥干水分，冰糖砸碎待用。

(2)糯米淘洗干净，浸泡半小时捞出晾干水分，由藕的切开处把糯米灌入，一边填，一边用筷子捅结实。然后在切开处，将切下的藕节合上，再用小竹签扎紧，以防漏米。

(3)用一砂锅或铜锅(切勿用铁锅，否则会影响质量)，先将灌好米的藕放好，再放入清水，以水没过藕为限。在里面放入红糖和红枣，大火煮开后转小火再煮半小时。

(4)半小时后放入冰糖再用小火煮一刻钟左右。继续煮到藕变红色时取出晾凉。

(5)晾凉后便可切片食用了，吃的时候在上面淋上糖桂花和蜂蜜调和的蜜汁，味道极美。

3. 成菜特点

色泽红亮，软糯香甜，桂花香气浓郁。

★小贴士

1. 填进藕洞中的米不要填得太实，因为米熟后还要膨胀。
2. 此菜也可做冷菜，放冰箱冷藏一会儿再吃，别有风味。

(四)凉拌水芹

水芹，别名刀芹、蜀芹，又名楚葵、蜀芹。中国自古食用水芹，2000 多年前的《吕氏春秋》中就记载，“云梦之芹”是菜中的上品。水芹在冬春之际上市，为时鲜菜，被誉为江南美食佳肴中的一绝。水芹菜质地嫩白细长，清脆可口。烹调方法以炒食、凉拌为主。口味以咸鲜为主，不宜长时间加热，以保持其质脆的特性。

1. 原料

鲜水芹250克、香干100克、盐、味精、香油、辣椒油、醋。

2. 烹制方法

(1)鲜水芹菜洗净，入沸水锅快速焯一下，捞出用凉水过凉后，切成小段。香干切粗丝。

(2)将切好的水芹菜、香干丝放入容器内，加盐、味精、香油、辣椒油、醋，搅拌均匀即可上桌。

3. 成菜特点

嫩绿咸辣，爽脆可口。

★小贴士

水芹菜焯水时间不宜过长，要保持水芹菜的颜色。

(五)慈菇烧肉

慈菇主要生长于长江流域及其以南各省，太湖沿岸及珠江三角洲为主产区，北方有少量栽培，每年11月至次年2月收获上市。

长兴本地慈菇以色白者为佳，俗称白头慈菇，球茎椭圆形略扁，皮肉均白色，单个重50—70克，肉质较坚实，含淀粉多，苦味轻，食味好，形美观，质优，耐贮运。慈菇的品质以肉质松爽，无苦味，淀粉含量多，肉质细致、色白，耐贮存者为佳。

食时必要洗净去皮，否则入口麻涩。因为它性有小寒，胃寒的人不能多吃。慈菇作菜，适于炒、烧、煨、炖、煮等烹调方法。以往，慈菇烧肉是在过年时作大菜用的，慈菇烧肉，使肉有慈菇味，慈菇有肉味。一般人吃这道菜，都是情钟慈菇的。慈菇烧肉讲究的是肉汁渗进了慈菇里，吃到口里，是一种很有嚼劲的粉糯酥碎，清香四溢。

现在再来品尝这道菜，会勾起你小时候的回忆。

1. 原料

主料：慈菇 250 克、五花肉 200 克。调味料：盐、葱、姜、酱油、白砂糖、料酒、花生油、鸡精等。

2. 烹制方法

(1)将五花肉洗净切块，用料酒、生抽、葱姜腌制。

(2)慈菇刮皮洗净，切成滚刀块。

(3)坐锅点火，倒入花生油烧热，放入葱段、姜片煸出香味，然后放入五花肉块煸炒出油，加入适量酱油、白糖、料酒和一大碗水，用大火烧沸后转小火焖烧约半小时。

(4)最后放入慈菇，加盖小火将其焖至酥软，其间需要翻炒以防止粘锅。最后加入鸡精，撒上葱花装盘即成。

3. 成菜特点

肉块酥烂，慈菇粉糯，口味鲜醇，清香四溢。

★小贴士

1. 慈菇要选用个大、色白者为佳。

2. 煎五花肉的时候要用小火多煸炒，尽可能把肉里面的油都逼出来。

3. 慈菇属于水生蔬菜，现在遭受污染较重，所以要尽量将慈菇的表皮去除后再烹制。

(六)霉苋菜梗

苋菜，一年生草本植物，多食用其幼苗及嫩叶茎。苋菜为江南特有，在北方鲜见。春季开始上市，初夏为盛产期。秋后，苋菜茎日见粗壮变老，等其“抽茎如人长”，肌肉充实的时候，去叶取梗，切作寸许长短，用盐腌藏瓦坛中。待其发酵即成霉苋菜梗，蒸而食之，为江南民间所喜爱。

1. 原料

主料：腌制好的霉苋菜梗 500 克，臭卤 200 克。调味料：盐，香油适量。

2. 烹制方法

(1)霉苋菜梗装盘，根据腌制的咸度酌情加盐或不加。

(2)上锅蒸熟，淋上适量香油即可。

3. 成菜特点

色泽亮丽，色绿如碧，清香酥嫩，鲜美入味，助消化，增食欲，最宜下饭。

★小贴士

1. 此菜闻着臭，吃着香。但多流行于南方地区，其他地方来的游客点此菜的话，要向他们说明清楚。

2. 腌制的东西，不宜多吃。

3. 买新鲜梗自己腌也可。将老苋菜去叶，留下菜梗，切段。泡在水中一整天。待水中微微出现气泡，菜梗端开裂，捞出沥干水分。然后均匀拌上适量的盐，封在容器中 2—3 天，待菜梗中出现白色泡沫即可。

（七）肉片炒荸荠

荸荠，主要分布于长江以南的水泽地区，其品种较多，以冬至前后采收的品质均好。荸荠以营养丰富著称，汁多味甜，自古有“地下雪梨”之称，北方人则视之为“江南人参”。荸荠肉质白嫩，味纯多汁，脆生生、水津津的，是大众喜爱的时令之品。

荸荠果蔬兼用，可为果生吃，或当蔬熟食，皆鲜美可口，风味别致。荸荠生吃肉质白嫩，清脆爽口，醇甘清香；荸荠熟食则可以做成多种美味佳肴，荤素皆宜，荤者如荸荠肉片、荸荠鸡丁，素者如糖醋荸荠、冬笋荸荠等，均鲜美可口。

1. 原料

猪瘦肉 100 克、荸荠 200 克、熟冬笋肉 50 克、胡萝卜 30 克、精盐、酱油、味精、淀粉、精炼油适量。

2. 烹制方法

(1)荸荠洗净，去皮后切成片；熟冬笋肉、胡萝卜均切成片；猪瘦肉切片后，加入酱油、淀粉抓匀上浆。

(2)净锅上火，放入适量精炼油烧热，倒入肉片炒散盛出，接着锅中再放少许油烧热，倒入荸荠片、胡萝卜片、冬笋片煸炒，淋少许清水，炒至原料熟透时，再倒入肉片，调入精盐、味精稍炒，起锅装盘即成。

3. 成菜特点

色白，质嫩，甜脆爽口。

★小贴士

荸荠质脆爽口，应用旺火速成，所以肉片要与配料分别炒制。

(八)鸡丝桃膏汤

桃膏,又名桃脂、桃胶、桃凝。一般来说桃树受伤后,伤口会定时分泌一种粘稠性脂汁出来,然后聚集在一起,形成一块,干燥后形成半透明的淡黄色、无色或红棕色固体胶块,中间可能会夹杂一些深色的杂质。

和平多桃树,桃树只有雨天后才会溢出桃脂,只有雨后的桃脂才是干净的。一般来说,桃树在春天分泌出胶汁,到夏季采摘,晒干后在秋天上市出售。有本地老人介绍,一般当年的新鲜桃膏有树腥味,口感不够松脆,所以一般出售的多为隔年桃膏。这时的桃膏口感松软,有韧性。本地桃膏做菜主要是烧汤,最好是用肉骨头汤,或者其他的荤汤。将汤烧开后,放入胀发好的桃脂,用切成丁的配料,烧开调味即成。也可用来烧肉,如安徽名菜桃脂烧肉,但本地少用。

1. 原料

主料:桃脂 250 克、鸡丝 50 克、高汤、葱、姜、酒、盐、白糖、猪油。

2. 烹制方法

(1)将桃膏洗净,用温热水泡软,去掉杂质,取出沥干。鸡丝码味。

(2)锅放火上,下高汤、桃膏、鸡丝烧至开,再加入酒、姜、盐、糖,改用中小火烧 5 分钟,出锅盛入盘内,撒上葱花即成。

3. 成菜特点

色泽淡雅,汤清味美,滑软爽口。

★小贴士

1. 桃脂本身无味,所以一定要用高汤来烧。
2. 烧制时间不能过长,否则桃脂融化,口感就不够爽滑,就没有这道菜的风味了。

(九)多毛酱鸭

此区域多湖泊,给养鸭业带来了很大的便利。由于鸭子长年被放养在湖里,以食鲜活鱼虾、贝类及田螺为主,体大肉嫩,鲜嫩味美。麻鸭瘦肉率高,胸肌发达,肉质好,皮薄,皮下脂肪少。和平镇的多毛酱鸭已经有27年历史了,说到它,几乎每个长兴人都会垂涎三尺。这道菜色泽油亮,酱香浓郁,甜辣适中,爽口开胃,厚实饱满的鸭肉富有嚼劲,就连骨头也都酥脆无比,让每个品尝过它的人都觉得齿间留香、回味无穷。

1. 原料

光鸭(1只,1500克左右)、葱(20克)、姜片(20克)、肉桂(20克)、茴香(13克)、红曲米(8克)、黄酒、冰糖(130克)、白酱、盐、麻油。

2. 烹制方法

(1)光鸭剖腹挖去内脏,洗净斩去嘴巴、脚爪,割去鸭膻,放入开水锅中氽一下捞出,再洗净血秽,鸭腹内壁用盐擦匀。

(2)将铁锅放于炉上,加入水1千克,后将红曲米、葱姜、八角、桂皮用洁布包好,放入锅中,烧至汁呈红色时捞出布包,将鸭子下锅,加入冰糖、盐、料酒,用小火烧2小时左右,待鸭子酥后汤汁余200克左右时,用旺火收汁,一面用勺子舀汁,不断地浇在鸭上,一面兜锅使鸭子不断转动,待汤汁剩100克左右时,将鸭子捞出盛入盘内。

(3)待其自然冷却后斩块装盆即成。

3. 成菜特点

香辣酥脆,滋味入骨。

★小贴士

1. 光鸭用开水氽一下,去净血秽,鸭腹内壁用15克盐擦匀,使其入味。

2. 鸭入锅后,要改小火,不能开大火,一是为了使鸭子熟透,二是不使鸭子破皮,保持鸭皮完整。煮鸭时,汤要淹没鸭子,不满可加开水,并经常翻动鸭身,使其熟透入味。

3. 鸭子捞出后,冷却后再切,保持鸭形完整。

(十)清蒸神塘甲鱼

甲鱼四季均有,冬季要冬眠。每年四五月间,江南地区菜花盛开,正值甲鱼最为肥美之时,故有"菜花甲鱼"之称。

神塘甲鱼是人工饲养的甲鱼,长兴和平神塘村主要依托甲鱼养殖基地、葡萄种植基地、花卉苗木基地等基地,大力发展休闲观光、乡村旅游。神塘村以养甲鱼出名,故名神塘甲鱼村。神塘甲鱼村位于长兴城山风景区内,环境优美,可充分享受大自然田园风光。游客可以参观神塘生态湿地、神塘生态鳖养殖基地、绿色葡萄基地、花卉苗木基地,从事垂钓、葡萄采摘等农事活动,品神塘甲鱼等野生水产品,吃农家菜、传统湖羊大餐等。

甲鱼肉质鲜美,其肉有滋阴补血的功效,可治精力亏损;其甲可治久疟久痢。清蒸甲鱼、清炖甲鱼、红烧甲鱼等都是以甲鱼为原料制成的佳肴。

1. 原料

神塘甲鱼 1 只、香菇 50 克、鸡肉 100 克、火腿肉 50 克、冬笋 50 克、油菜 20 克、香葱 3 棵、生姜 1 小块、高汤 10 大匙、料酒 30 克、胡椒粉 3 克、精盐 3 克、味精小匙。

2. 烹制方法

(1)甲鱼宰杀后用开水焯至外层变色起皱时捞出,用小刀刮净甲鱼身上的黑质及老皮,去掉爪尖、尾巴,掏净内脏、黄油,洗净剁成小块。

(2)将鸡肉洗净剁成小块,香菇洗净撕成大块,冬笋、火腿切成片,葱、姜洗净后分别切成段和片。

(3)取一汤碗加入甲鱼肉、葱段、姜片、高汤,入蒸锅蒸 50 分钟取出。

(4)在汤碗里加火腿末、冬笋片、香菇块、油菜、葱、姜、味精、料酒、精盐、胡椒粉,用油纸封好,放入蒸锅中蒸 15 分钟取出,打开油纸拣出葱、姜即可。

3. 成菜特点

肉烂汤鲜,口味香醇。

★小贴士

甲鱼一定要处理干净,烹制前要进行码味处理,以免有腥味。

(十一)吕山红烧羊肉

湖羊产区在浙江、江苏间的太湖流域,所以称为"湖羊"。

吕山湖羊,浑身是宝,皮质柔软,肉质鲜嫩,尤其是胎湖羊皮,堪称"软宝石"。相传三国时大将吕蒙雄踞此地驻防，留有吕蒙山，偶然发现湖羊具有御寒保温之功效，就开始养殖湖羊，吕山湖羊由此得名。

羊肉性热，一般在秋冬季进食。湖羊肉带有肥膘，但肥而不腻，爽口好吃，而且容易消化，温补抗寒，因此很受市场欢迎。湖羊肉温补性强，冬令季节长兴历来盛行吃羊肉，因此羊肉店遍设，羊羔美酒，十分诱人。如你此时来长兴旅游，怎么能不去品尝下美味的羊肉呢？每年1月吕山会举办"湖羊美食文化节"。

1. 原料

主料：羊肉1500克，白萝卜500克。配料：植物油75克，酱油、葱、姜各15克，盐4克，味精1克，八角、桂皮、山柰、草豆蔻各3克，整干椒5克，料酒20克，青蒜叶50克，香油10克。

2. 烹制方法

（1）生铁锅置旺火上烧红，羊肉皮朝下，烙净皮上余毛，入温水中刮洗净，漂净血水，沥干水，切3厘米见方的块，入沸水锅氽过，捞出洗净，沥干水。

（2）萝卜洗净、去皮，切成与羊肉大小相同的块；八角、桂皮、山柰、草豆蔻洗净，入香料袋用绳扎好口。

（3）净锅置旺火上，放油烧到六成热，下葱、姜煸出香味，放羊肉、料酒、酱油一同煸炒，加鲜汤、香料袋在旺火上烧开，移小火上烧至六成烂，撇净浮沫，放萝卜烧至酥烂（保持形状完整），取出香料袋，在大火上收浓汤汁，装盘，淋香油，撒炒好的青蒜叶即可。

3. 成菜特点

色泽红亮，羊肉、萝卜酥烂，微辣鲜美，地冬令补食佳品。

★小贴士

1. 选料十分讲究。羊肉一定要是湖羊肉，这种羊肉质嫩，脂肪少，皮细嫩多膏。
2. 灵活掌握火候，先用大火，后用文火烧煮。

四、仙山湖"岕里人家"生态休闲游

此区域位于长兴西南部，包括泗安、二界岭、管埭、长潮、太傅等地，有仙山湖风景区和尹家边村中国扬子鳄风景区两大风景区。

1. 仙山湖景区

风景区位于长兴县泗安镇，面积约20平方千米，包含仙山显圣寺和仙山湖。景区西连湿地，陆水相依，绿茵环抱，南连万亩吊瓜基地，整体生态环境绝佳，分仙湖和仙山两个区域。

仙山山貌独特，孤山独耸，四周地广平坦，酷似日本富士山。显圣寺位于仙山南坡，是一座历史悠久、声名远播的寺院，主奉地藏王菩萨，始建于唐天宝年间。据考证是朝鲜王子金乔觉到大唐避难，后在仙山出家所筑的禅院。之后，王子在九华山圆寂，当地人就称之为地藏王菩萨，仙山显圣寺也就成为地藏王祖庭。

仙湖位于仙山西侧脚下，湖面开阔，达7平方千米，是浙北面积最大的人工湖。湖滩平坦，湖水清澈，风平浪静，渔产丰富。一条长1550米的拦湖大坝气势宏伟，将仙湖分切为南、北二湖，可与杭州西湖相媲美。

仙山湖景区由仙山和仙湖两处自然山水组成，仙山湖景区生态环境非常优越，植被、湿地、动物以及人文构成了一个丰富的生态链。

2. 中国扬子鳄村

扬子鳄村是我国国内第二大扬子鳄自然保护区，位于浙江省湖州市长兴县泗安镇尹家边村。占地150多亩，为国家3A级景区，区内茂林修竹，花木沁香，古朴典雅的建筑与星罗棋布的河塘融洽无间，到处都是大自然的绮丽风光，是扬子鳄理想的栖息之地。

此区域几个乡镇合并后，根据本区域位于丘陵地带，有大量的肥沃土地可进行种植的特点，积极稳妥推进现代农业观光园的建设，大力推进板栗、青梅的种植，发展茶叶、白果、樱桃、西瓜、冬瓜等优质农副产品。同时开发生态休闲旅游度假区，确保现代农业发展有新作为。如今，六大园区初步形成了樱桃、薰衣草、杜鹃、向日葵等特色鲜明的观光园区。每年2月有林城的红梅节，4月有二界岭的樱桃节。

推荐美食

(一)酸辣腌豇豆

腌豇豆，为本地常见的豇豆加工产品，其实也是泡菜的一种。制法为将新鲜豇豆洗干净，摊开晾干。把开水倒入瓶中，将豇豆放入瓶中，放几片生姜，几片干辣椒(新鲜辣椒会烂），放一点花椒，一个八角，一点小茴香。盐根据水的多少来放，不能太咸，可以尝一下，水没到豇豆即可，最后加点白酒，这样不会起白沫。一般泡 3—4 天泡透芯，捞点出来尝尝，不行再泡 2 天。以上所有步骤都不能沾油，就是手一定要洗干净不沾油，否则菜还没泡好就先烂了。

酸豇豆原料好买，做法简单，天然绿色，开胃下饭，其味鲜、香，口感嫩、脆，既可以单独食用，又是上好的炒、煮、烤、炖配菜。

原本山民生活艰辛，此菜酸辣可口便于贮存且下饭，作为家常菜而已。不料，如今成为城里人到山里一游时必点之菜。

1. 原料

酸豆角 250 克，猪肉（肥瘦各 200 克），葱、姜、蒜泥各 10 克，干椒末 2 克，熟猪油、酒、糖、精盐、味精、酱油适量。

2. 烹制方法

（1）小红辣椒切段，葱切葱花，姜、蒜切末。

（2）五花肉剁成肉末，加入盐（3 克）、生粉、老抽、料酒，搅拌均匀码味 10 分钟，加生抽、酒，腌制 10 分钟以上。

（3）将酸豆角用淘米水浸泡 10 分钟后，洗净切成小段备用。

（4）锅内放适量的油，油热后放入葱姜蒜辣椒爆香。

（5）加入肉末，加酒、糖翻炒均匀。

（6）加入酸豇豆，加翻炒均匀即可。

3. 成菜特点

选料丰富，色泽红亮。爽脆滑嫩，麻辣咸甜鲜，色艳质脆，酸辣可口。

★小贴士

腌豇豆时为了防止泡菜坛里起白沫，可以放入几勺高度白酒。

(二)红烧泥鳅

泥鳅生命力很强,一年四季均可捕捞,冬季为了越冬,肉质更为肥美。泥鳅个体虽小,但肉质细嫩鲜美,并且营养丰富,有“水中人参”之称。泥鳅肉质虽佳,但土腥味重,烹饪前,要将泥鳅放在清水中静养,在水中滴入几滴植物油,每天除去污水,换入清水,待它排去肠内泥水污物后再用。泥鳅可整条应用,也可加工成段、片等,以炸、熘、烧、清蒸常见。

1. 原料

泥鳅 250 克、红椒少许、大蒜 50 克、植物油、酱油、料酒、醋、白砂糖、盐、味精、大葱、姜、芫荽叶。

2. 烹制方法

(1)将泥鳅去内脏洗净,红椒、葱切段,姜切片。

(2)炒锅注油烧热,下入葱段、姜片、蒜头爆香,放入泥鳅煎至两面变色,加入料酒、红椒、酱油、醋、白糖、水、精盐烧开。

(3)小火煮至肉熟烂,汤浓收汁,加入味精炒匀,撒上芫荽叶即可。

3. 成菜特点

咸鲜适口,色泽红亮。

★小贴士

1. 泥鳅不宜与狗肉同食,阴虚火盛者忌食。

2. 泥鳅土腥味重,烹饪前,要将泥鳅放在清水中静养。

(三)红烧狗肉

狗一年四季均有,但狗肉性燥,寒冬正是吃狗肉的好时节,俗话说:“寒冬至,狗肉肥。”所以,入冬后,本地的狗肉就开始飘香于大街小巷。狗肉脂肪低,蛋白质含量高,营养丰富,是理想的营养食品,民间有“今冬吃狗肉,明春打老虎”之说。本地食用的狗肉,都是本地的草狗肉。一般都要选用膘肥体壮的健康狗,从毛色上说,有“一黄二花三黑四白”的说法。

狗肉腥味较重，烹制前要洗净，并浸泡在清水中，去净血水才能使用。用前再焯水，以煸炒之法去腥后再烹制。本地认为狗肉属热性食物，不宜夏季食用，而且一次不宜多吃，凡患咳嗽、感冒、发热、腹泻和阴虚火旺等非虚寒性疾病的人均不宜食用。

狗肉的吃法多种多样，有红烧、清炖、油爆、卤制等，可以说烧、炖、卤、炒皆可成佳肴，如辣子狗肉、酱烧狗肉、砂钵狗肉等均为常见的美味。以狗肉烹制的地方名菜不胜枚举，但本地以红烧狗肉最为普遍，也最能体现出狗肉的醇厚味道。

1. 原料

新鲜狗肉 1000 克，干青、红辣椒各 15 克，大蒜瓣 25 克，生姜 15 克，植物油 75 克，料酒 50 克，酱油 50 克，味精 2 克，精盐 20 克。

2. 烹制方法

(1)将狗肉切大块放入清水中浸泡一天。

(2)大蒜去皮，洗净，切段；大蒜去皮，拍碎末；生姜去皮，洗净，切薄片；辣椒洗净，去蒂，切段，待用。

(3)将狗肉取出，洗净，控水，剁成 3 厘米见方的块，放进锅里。加清水直到没过肉块为好，烧开，捞出，再用清水冲洗三次，控干水分。

(4)把油放入锅里烧热，投入狗肉，用旺火煸炒 4 分钟，烹入料酒和酱油。待水干后，放入葱段、辣椒须和清水，用温火煨，待肉烂时，放入盐、大蒜末、味精，烧开后盛入碗内，趁热上桌即可。

3. 成菜特点

色泽酱红，肉块酥烂，鲜咸味美，香气浓郁。

★小贴士

1. 狗肉属于热性食物，一次不宜吃多。凡患咳嗽、感冒、发热、腹泻和阴虚火旺等非虚寒性病的人均不宜多食。

2. 吃完狗肉后不宜立即喝茶，因为茶叶中的鞣酸极易与狗肉中的蛋白质结合，生成一种叫鞣酸蛋白的物质，这种物质具有一定的收敛作用，可使肠蠕动减弱，导致便秘。

(四)雪菜兔肉火锅

本地野兔为华南兔一种,生长于丘陵地带。春天野兔大量繁殖,到夏季已经是很健壮了,而且兔肉性凉,吃兔肉的最好季节是夏季,寒冬及初春季节一般不宜吃兔肉。但到了秋冬季,野兔为了越冬,长的更为肥硕,所以本地到了秋冬后,也大量食用兔肉。

烹制野兔肉要用清水浸泡,才能除去土腥气味、异味,更能突出兔肉特殊的芳香滋味。兔肉和其他食物一起烹调时,会附和其他食物的滋味,和什么肉配在一起炖就有什么肉的味,因此,如在烹调兔肉时加入其他肉类,则味道更加鲜美,所以有"百味肉"之说。但兔肉不能与鸭血同食,易致腹泻。

兔肉如烹调不当,会有一股酸味,烹调时可用葱、姜炝锅,在烹调时可添加一些香辛料,如大蒜、花椒、胡椒、辣椒、茴香、桂皮、姜、葱、陈皮等,以抑制草腥气味,增加食用效果。

雪菜,又叫雪里蕻,是十字花科植物芥菜的嫩茎叶,是我国长江流域普遍栽培的冬春两季重要蔬菜,新鲜雪菜呈翠绿色,但口感略涩微辣,所以一般都要经盐腌渍后才用。腌制加工后的雪菜色泽鲜黄、香气浓郁,滋味清脆鲜美,无论是炒、蒸、煮汤作为佐料,还是单独上桌食用,都深受城乡居民喜爱。

以雪菜、豆腐与兔肉合烹,味极鲜美,冬季天寒,围炉小酌不亦乐乎。

1. 原料

兔肉 600 克,雪菜 100 克,豆腐 300 克,料酒和葱各 25 克,猪油 50 克,姜 15 克,味精和胡椒粉各 1 克,精盐和醋各 5 克。

2. 烹制方法

(1)将兔肉洗净斩成小块,放入开水锅中焯水 3 分钟,倒出洗去血污,沥干水分;雪菜洗净后切成 2 厘米长的段;豆腐切成小块后焯水。

(2)锅置火上,放入猪油烧热,将一半葱姜切片投入锅内煸炒,加入兔肉,炒至兔肉水分将干时,放入料酒和醋再炒一会,舀入清水 750 克和精盐,烧沸后转小火烧约 1.5 小时。

(3)将雪菜和豆腐放入同烧约 20 分钟。加入味精、精盐、葱姜后倒入火锅内上桌食用。

3. 成菜特点

汤香味浓,兔肉烂而不老。

★小贴士

1. 野兔肉带有土腥气味,因此在烹制前,一定要用清水反复浸泡,彻底除去血水,才能除净异味,突出兔子肉的特殊芳香滋味。

2. 雪菜含大量粗纤维,不易消化,小儿及消化功能不全者不宜多食。

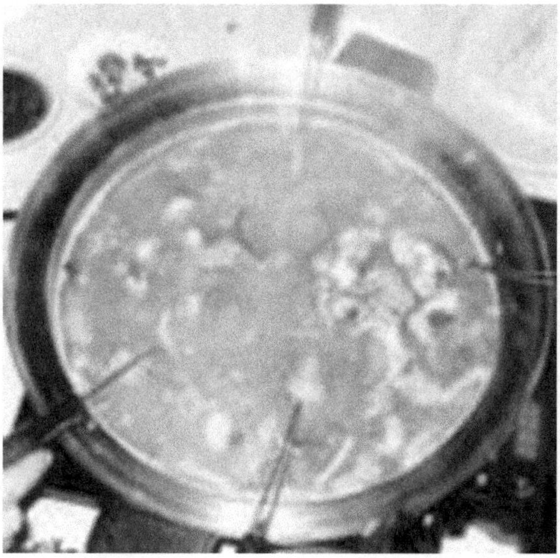

（五）雪菜炒野鸡

野鸡，形如家鸡，肉质细嫩鲜美，野味浓。野鸡肉有健脾养胃、增进食欲、止泻的功效。雄野鸡多用于红烧，雌野鸡清炖比较好。本地多用爆炒之法。野鸡肉味鲜肉嫩，配新鲜雪菜和冬笋，为冬春季时令佳肴。

1. 原料

野鸡 300 克，雪菜 100 克，冬笋 50 克，青椒 20 克。调辅料：鸡蛋、淀粉、白砂糖、料酒、葱、姜、味精、盐、猪油等。

2. 烹制方法

(1)先剥去野鸡皮，去除内脏，洗净血污，放清水中浸泡。

(2)将野鸡大腿及胸脯上的肉，去掉肉上的皮与筋及细小骨头，批成小薄片。雪菜切末，冬笋切片，青椒切丝。

(3)将野鸡片加酒、姜码味后，用鸡蛋清、淀粉及少许盐搅拌上浆。

(4)熟猪油烧至三成热，将浆好的野鸡片放入滑油转白色后，倒入漏勺滤油。

(5)炒锅留底油 20 克烧热，下葱段、姜块，炒出香味；加入雪里蕻末、青椒丝和冬笋片煸炒成熟。

(6)投入滑油后的野鸡片，加入鲜汤、料酒、精盐、白糖、味精，翻锅均匀，盛入盘中即成。

3. 成菜特点

色泽清雅，肉质细嫩，鲜香爽口。

★小贴士

1. 做野鸡菜肴要清淡，不要放太多油脂。
2. 患有痔疮的人在秋冬之际应忌食野鸡肉；患有疥疮者禁食野鸡肉。

(六)野鸭笋干煲

野鸭喜欢栖于湖泊、沼泽、芦苇丛中,仙山湖和山间的湖泊、水库是野鸭出没的地方,鸭子四季可食,鸭肉性偏凉,一般都在夏秋季节食用较多。野鸭瘦肉率高,口感好,肉质鲜嫩,润而不腻。食用后有养目清心、去除毒素、强身固本的保健作用。

野鸭肉味道醇香,一般多用炖、焖之法,可溶性物质多溶于汤中,味极鲜。清代童岳荐在《调鼎集》中说:"家鸭取肥,野鸭取之香。"用料上,鸭子以老鸭为好,以雄鸭为上。本地以绿笋干、火腿配伍做的老鸭煲是待客的上品。

1. 原料

野鸭 1000 克左右、天目山笋干 100 克、陈年火腿 50 克、菜心适量、煲鸭药料、高汤、葱、姜、精盐、味精、黄酒等。

2. 烹制方法

(1)将野鸭宰好,煺净毛,去除内脏,挖掉鸭臊,放入沸水锅焯水去血污,洗净。笋干水发洗净,火腿切片待用。

(2)将野鸭放入砂锅,加入葱、姜、黄酒、高汤、野鸭原汤、药料包,用文火炖 4—5 小时,放入笋干、火腿、精盐炖半小时,拣去葱、姜,加入菜心略烫,用味精调好味即可。

3. 成菜特点

汤醇味浓,油而不腻,酥而不烂,生津开胃。

★小贴士

盐要晚加,野鸭炖至酥烂放为佳。

(七)红焖麂肉

黄麂主要栖息于丘陵山地的低谷、林缘、灌丛及草丛等环境中。冬季时捕杀。黄麂肉细嫩鲜美,本地认为野味中味道最好的四种按顺序应排为獐、麂、鹿、兔。

黄麂肉略有腥臊味,加工处理时用清水泡去血水,烹调方法较多,多见红烧,可以先把肉用葱、姜、黄酒腌一下,烧的时候加入橘子皮、八角、桂皮、茴香、丁香等以去其腥。也可将麂肉炒冬笋或炒萝卜丝,色香味俱佳。将冬季猎获的黄麂肉与猪腿一起腌制成麂肉干,色更美,味更香。

1. 原料

麂子肉 600 克、花椒、辣子、草果、白糖、姜、葱、蒜、黄酒、酱油、味精、肉清汤、精盐、菜籽油适量。

2. 烹制方法

(1)将麂肉切成小方块,用清水漂洗干净。

(2)炒锅上火,注入菜籽油,烧至七成热,下辣椒、花椒煸出香味,再下蒜、姜片煸香,再下麂肉炒 10 分钟,加入草果、酒、葱结、酱油,注入肉清汤,将肉焖至七成烂。

(3)加盐和白糖,移至微火上,再焖 20 分钟左右至熟烂即成。

3. 成菜特点

麻辣鲜香,色泽红亮,营养丰富。

★小贴士

麂肉略有腥臊味,初加工处理时用清水反复漂洗,去净血水才行。

(八)红烧野猪肉

野猪,俗名野彘、山猪,多生活于山区之中。每年的夏秋两季,是野猪最为活跃的时期。在野味中,野猪肉性较平和,适宜初冬温补。野猪肉香味浓厚,具有野味特色。野猪肉质比家猪滑嫩鲜美,且瘦肉率达到90%以上。野猪肉应用同于家猪肉。其肉质气味因食料和生长条件关系,除松脂味外,还有土腥味,烹制时应加以处理。特种野猪腥味较轻。本地野猪肉以红烧为多。

1. 原料

带皮野猪肉500克、桂皮、香叶、八角(也称大料)、黄酒、姜、葱、老抽、盐、冰糖适量。

2. 烹制方法

(1)野猪肉切成2厘米见方的块,葱切成小片,姜去皮切片。将桂皮、八角、香叶放入炖煮包中。

(2)锅内放油,加热,倒入野猪肉煎炒2分钟,直到肥肉部分开始出油,微微发黄,加入老抽酱油翻炒均匀。

(3)等野猪肉颜色变得黑红时,加入黄酒、葱、姜、冰糖,倒入开水,没过材料的表面即可。

(4)加入炖煮包,用中火将汤汁烧开,然后加盖,改成小火炖40分钟,最后放入盐,调成大火将汤汁收干,撒上青蒜叶即可。

3. 成菜特点

肉质鲜嫩香醇,野味浓郁。

★小贴士

1. 水要一次性加足,中途不能加水,更不能加凉水。
2. 盐不宜过早加入,否则肉易发僵。

（九）清炖石鸡

石鸡俗称石蛤、山鸡，因其肉质鲜嫩、肥美如鸡而得名。又因为它是生活在石缝里的一种蛙，又称石蛙。石鸡多分布于南方深山涧溪流中，本地众山为西天目山脉余脉，溪清林密，盛产石鸡，多于夏天捕捉。

石鸡皮肤薄软，肉质松软鲜嫩，尤其是夏天，多吃石鸡可以不长痱子。烹调方法上蒸、炖、烧、炒都可以。

石鸡烹制一般不去皮，熟后皮肉黑白相间，形状、颜色极似黑木耳。食之滑润甜爽，柔嫩细腻，清鲜味纯。其性温，味极美，汁多胶质，如同甲鱼。石鸡不仅是山中佳肴，且具有强筋健骨之效。石鸡食用价值远远高于牛蛙，堪称山珍上品，被美食家们誉为“百蛙之王”。

1. 原料

石鸡、猪肉（肥瘦少量）、香菇、黄酒、姜、小葱、盐、鸡油、味精。

2. 烹制方法

（1）取 4 只重约 250 克的石鸡，切去头、爪，剖腹去内脏，切块洗净晾干。

（2）肥瘦肉切成小块；香菇去蒂，洗净；姜葱洗净，葱取葱白切段，姜切片。

（3）取炖钵一只，将石鸡肉块、猪肉块、香菇放入，浇入鲜汤 250 毫升，加精盐、姜片、葱段，入笼用旺火蒸制。

（4）蒸至酥烂，取出，拣去姜片、葱白，淋上鸡油，撒上葱花即成。

3. 成菜特点

制作细致，肉嫩而烂，汤清味鲜。

★小贴士

1. 此菜采用炖蒸技法，加热时间要长，上气后改用中小火。

2. 制作时不要去皮，石鸡皮富含胶质，口感滑润细腻。

（十）椒盐蛇段

蛇的食用季节有二种说法，一种是认为入秋后，蛇为了冬眠准备，肉体丰满，这时蛇肉最是肥美，民间有“秋风起，三蛇肥”之说；另一种说法是认为春季为好，蛇冬眠醒后，虽然瘦点，但肉质清爽干净。

蛇肉肉质细嫩，味道鲜美可口，是营养丰富的美味佳肴。蛇肉一定要熟透才可以安全食用。蛇肉在烹制前不要放在水里浸泡，否则会老韧而不易熟烂。生饮蛇血、生吞蛇胆非常不卫生，而且有一定的危险性，可能引起急性胃肠炎和寄生虫病。

1. 原料

主料：净蛇肉（去皮）600克左右、葱段、姜片。调料：吉士粉、花椒盐、精盐、味精、绍酒、干淀粉、色拉油。

2. 烹制方法

（1）将蛇肉洗净，每段斩成5厘米长，放入高压锅内，加水没过蛇肉，上中火烧约15分钟至熟，取出备用。

（2）将蛇肉放入碗内，加精盐、吉士粉、味精、绍酒、葱段、姜片、干淀粉拌匀。

（3）炒锅置旺火上，加入色拉油烧至七成热，放入蛇段炸至淡黄色捞出，待油温升至九成热，放入蛇段复炸至金黄色，捞出沥油，装入盘内即可，可另带花椒盐以佐食。

3. 成菜特点

色泽金黄，蛇段外脆里嫩，鲜香味美。

★小贴士

1. 氽炸蛇段时，要掌握好火候、油温，切不要炸焦、炸煳。

2. 蛇是发物，患痼疾、疮者不要食用。

（十一）炒仔鸡

泗安仙山一带，属山区乡镇，位于叠翠山岭中，气候温和，各种植物生长茂盛。经过多年的发展，此区域已经发展成为长兴有名的苗木之乡。2011 年泗安被评为“浙江省十强花卉苗木乡镇”，长兴苗木产业也从依靠自然资源的粗放型发展方式，向立足规模、资本、技术相结合的集约式发展方式转变。在苗木园中散养家禽，家禽不仅能将杂草吃得精光，而且鸡鸭的粪便又可作为苗木的肥料，放养的鸡鸭和生的蛋绿色环保，还能卖出好价钱，真是一举多得。所以不少农户就散养许多土鸡，任它们山地林中觅食，自然味道鲜美营养丰富。倘若有机会到仙山湖景区一游，别忘了品尝一下。

1. 原料

土鸡 1 只 1500 克左右、生抽、老抽、盐、黄酒、冰糖、葱、蒜、姜、白葡萄酒、李锦记香辣酱、味精等。

2. 烹制方法

(1)将土鸡宰杀后洗净斩块，泡清水中洗去血水和碎渣，沥干水分备用。

(2)炒锅注油，下入蒜瓣和姜片爆香。

(3)倒入鸡块煸炒至变色,倒入白葡萄酒继续煸炒,加生抽和少许老抽,加黄酒、李锦记香辣酱和一小块冰糖,继续炒匀,加半杯水,调少许盐,转小火煮 10 分钟,大火收浓汤汁,撒上葱花即可。

3. 成菜特点

入口爽滑,味道鲜香。

★小贴士

1. 全过程不要加太多水,大火猛炒,中火焗。
2. 攒酒后立即焗一下,时间不要过久。

五、水口顾渚健康休闲文化游

长兴县城向北就是后洋、水口了，这里是长兴农家乐的发源地，由最早接待城里人踏青游玩，慢慢发展成接待上海、南京等大城市市民住宿休闲之地。顾渚山风景区群山环抱、山清水秀、竹林苍翠、鸟语花香，春暖花开的时候，满山遍野的映山红，人们好像置身于万花丛中。众多上海朋友对此地情有独钟，经常来此休闲度假，顾渚也被称为"上海的后花园"。

顾渚山以唐代贡品——金沙泉和紫笋茶闻名海内外。紫笋茶，顾名思义，茶的颜色与众不同，叶芽略带紫色，这是由顾渚山固有的土壤成份和特定的气候条件所决定的。金沙泉是顾渚山又一唐代贡品。唐以来，人们都非常讲究饮茶用水。陆羽《茶经》曰："其水，用山水上，江水中，井水下。其山水，拣乳泉石池漫流者上……"陆羽不仅是茶学专家，同时也是鉴水高手。史书明确记载唐代紫笋茶的制作必须用金沙泉，并与紫笋茶同为皇家贡品。顾渚山有寿圣寺、贡茶院、吉祥寺、金沙泉、忘归亭、霸王潭、摩崖石刻等旅游景点和历史遗迹。

大唐贡茶院，我国历史上第一座皇家茶厂，坐落在太湖之滨的顾渚山。这里三面环山，一面临湖，常年云雾缭绕，氤氲弥漫，气候温润，尤其适宜茶树生长。顾渚山贡茶院在唐代规模之大，贡额之高，影响之广，在我国贡茶史上是空前的。唐《元和郡县图志》载："长城县顾山西北四十二里。贞元以后，每岁以进奉顾山紫笋茶。役工三万，累月方毕。"改革开放后重建。

寿圣寺，始建于唐太宗贞观年间，位于顾渚山茶文化旅游区。寿圣禅寺在长兴佛教史上久享盛名。早在南宋时由高僧"开法席于此，释流云集，暮鼓晨钟，水方隅直，与西竺、南华风幡交映矣"，后毁。至元朝至正元年(1341)复建佛阁，"甚壮，为丛林"。至明末毁。可谓屡建屡毁。近年由住持界隆大法师发大愿，多方筹措，略复大观，功德无量。

此区域三面环山，东临太湖，具有特有的太湖气候，境内山清水秀，气候温和，生态优良，植被茂密，森林覆盖率达 80.4%(全国森林覆盖率 16.55%，全县为 51.3%。)，已被列为浙江省 334 号自然保护区。其间山野遍绿，涧溪交错，环境幽雅秀丽，空气清新宜人。境内顾渚山景区有银杏、金钱松、野大豆等数量众多的野生物种，以及白鹭、穿山甲等 175 种野生动物。水口乡农产品丰富，主要有芦篙、杨梅、熟山笋、冬鞭笋、特种水产等。杨梅种植总面积 4500 余亩，年产约 600 吨。毛竹林基地 4 万亩，年产毛竹 100 万支。还有青梅、水蜜桃、樱桃、猕猴桃、葡萄、百合等名优农产品共 3000 亩。近几年，当地政府大力发展休闲观光农业与无公害农业，逐步形成金山原生态农业观光区、顾渚茶文化景区、徽州庄高效生态农业示范区及徐旺、后坟传统农业改造区等农业四大区带。每年 5 月有茶文化节，6 月有杨梅节。

推荐美食

(一)咸肉烧笋

水口地区属丘陵地带,适宜竹类生长,其最有名的品种当是早园笋。早园笋是早园竹产的笋,外形低矮粗壮,壳很光滑,笋壳薄色黄,笋肉白嫩鲜美,或烹炒,或炖汤,或与其他荤素菜合煮,美味可口。江南名菜“腌笃鲜”,就是用咸肉、鲜肉及早园春笋烹调而成的。

1. 原料

主料:春笋 500 克。辅料:咸肉 200 克,料酒 20 克,味精 2 克,熟鸡油 10 克。

2. 烹制方法

(1)咸肉切小块,春笋切成滚刀块,入水锅焯一下水后用冷水冲凉待用。

(2)起锅,先煮咸肉,水沸之后撇去浮沫用小火再慢熬 15 分钟。接着放入春笋,加一点料酒再烧 10 分钟左右,放入味精,淋上少许鸡油即可出锅装盘。

3. 成菜特点

爽嫩香脆,滋味和润。

★小贴士

1. 剥笋前用刀沿壳表面轻拉一刀,笋衣自然剥落,可以很轻松地去衣。
2. 春笋烹制前要焯水,可以减少草酸含量。

(二)油焖春笋

冬笋为毛竹在冬季时生于地下的嫩笋,尚未钻出地面,笋壳金黄,笋肉洁白,质嫩味美,清脆爽口。春笋产于“惊蛰”到“清明”前后,此时雨水多,春笋生长很快,因此有“雨后春笋”的成语。春笋在素菜中被视为佳品,其味鲜美,富有营养。冬笋固然是有名的佳品,但到了水口农家却不能不品尝一下春笋与新腌的咸菜合烹的这道极鲜而极富有农家气息的菜肴。

1. 原料

主料：春笋500克。辅料：酱油、白糖、味精、花椒10粒、麻油、色拉油。

2. 烹制方法

(1)笋肉洗净，对半剖开，用刀拍松，切成5厘米左右长的段。

(2)炒锅放于火上烧热，下色拉油至5成热时，放入花椒粒炸香后捞出，将春笋入锅煸炒至色呈微黄时，加入酱油、白糖和水，旺火烧开，用小火烧5分钟，待汤汁收浓时放入味精，淋上麻油即成。

3. 成菜特点

色泽红亮，鲜嫩爽口，略带甜味，是传统的时令菜。

★小贴士

1. 汤水和调料宜一次加足，水量不宜过多。
2. 口味应咸甜适宜。
3. 小火收浓汤汁至入味。

(三)蕨菜炒肉丝

蕨菜，又叫蕨儿菜。何以名蕨？《埤雅》说：“蕨，状如大雀拳足，又如其足之蹶也，故谓之蕨。”说得很是清楚，嫩时芽团卷如足之蹶，故名。本地称其嫩茎为“狼蕨头”，又因其多生于杨梅树下，采摘杨梅时叶片展开，正好用于遮盖采好的杨梅，也称其“杨梅草”。因食用其嫩茎，所以仲春三月，蕨菜可上市了。

蕨菜的食法很多，嫩茎多加蒜泥爆炒。以色泽翠绿、质地软嫩、清香味浓而深受中外食客的青睐。

蕨菜也可干制。把采下的蕨菜稍加蒸煮，再摊开晒干(或烘干)，然后收藏保存。食用时先用水泡发，再加以烹制即可。

1. 原料

主料：猪瘦肉100克、蕨菜250克、青蒜苗50克、红辣椒适量。调料：料酒、生粉、盐、生抽、白胡椒粉、鸡精。

2. 烹制方法

(1)瘦肉切丝后用清水泡洗下，洗去血水；蕨菜切段，备用。

(2)锅中放水，烧开后放入蕨菜焯烫，2分钟后捞起，用清水再冲洗浸泡10分钟。

(3)将洗去血水的肉丝放料酒、白胡椒粉、盐、生粉拌匀腌制10分钟，青蒜苗和红辣椒分别切斜段，处理好的蕨菜捞起备用。

(4)锅烧热，倒入油后放入肉丝翻炒变色后盛出；锅中留底油，放入辣椒，小火烧出辣香味。

(5)放入蕨菜翻炒，加少许水，约炒2分钟。

(6)倒入肉丝和青蒜苗，放入少许盐、生抽、鸡精翻炒均匀即可。

3. 成菜特点

质地爽脆，香辣可口，有野菜的特有清香。

★小贴士

1. 需要注意的是，无论鲜的还是干的蕨菜，食用前都应先在沸水中烫一下，清除表面的黏质和土腥味。

2. 蕨菜性味寒凉，脾胃虚寒者不宜多食。

(四)凉拌马兰头

纯野生的马兰头一般可食用的时间只有清明前后的20天，为时令佳蔬，现已经人工种植。大棚种植的马兰头长得苗条秀气，叶子呈嫩绿色，茎呈白色。

马兰头做菜，可与多种荤素原料配用，马兰头可干制久藏，泡发后与肉类同烧别有风味。春季采摘马兰头的嫩苗叶供食，可凉拌，可煸炒，可作馅料。人们如此爱吃马兰头，一是因为其鲜美，二是因为它十分利于身体健康，味道清香爽口，又能解一桌酒肉的油腻。游人自城里到乡村一游，此菜是最佳的时令鲜蔬。

1. 原料

马兰头 300 克、豆腐干 50 克、盐、糖、鸡精、小磨麻油。

2. 烹制方法

(1)豆干用开水煮过后，切小粒。

(2)马兰头焯水(焯的过程中放点油，能保持色泽)后，稍稍挤干水份，切碎。

(3)将豆干与马兰头混合，加入盐、糖、鸡精、小磨麻油拌匀即可。

3. 成菜特点

口味咸鲜清香，有减腻清口的功效。

★小贴士

1. 在焯水时，控制时间不宜太长，一般使其断生即可，过长影响口感，营养成分也会流失。

2. 焯水出锅，应用凉开水或冰水过凉保证其鲜绿色。

(五)雪菜炒地滑塌

地衣又名地皮菜、地木耳，被誉为自然界中最典型最成功的共生现象的范例。本地民间历来有食用地衣的习惯，因其贴地而生，质感滑爽，所以称之为地滑塌。

地滑塌喜欢生长在潮湿的土壤表面，混杂在杂草基部的茎叶间、大树的基部以及苔藓植物群中。在本地，它多于春季多雨之日或闷热的夏季雷雨天之后，在草丛中大量出现。

采回后的地皮菜用水洗净就可鲜食，也可晾干后再食用。大约每 20 千克鲜品可制成 1 千克干品。地皮菜是一种美食，不仅色香味形俱佳，而且口感极好，润而不滞，滑而不腻。最适于做汤，别有风味，也可凉拌或炖烧。

1. 原料

地滑塌 400 克、雪菜 150 克、精盐、姜、蒜、红椒、小葱、味精适量。

2. 烹制方法

(1)地滑塌洗净，姜蒜切成粒。

(2)热锅冷油下姜蒜爆香，下地滑塌大火快炒。

(3)加入适量雪菜同炒，加入红椒炒至断生。

(4)调入适量盐和味精，装盘即可。

3. 成菜特点

清香咸鲜，别有一番田园的风味。

★小贴士

因与泥沙混杂，所以要清洗到位，否则会影响口感。

(六)咸肉烧河蚌

河蚌一种普通的贝壳水生动物，在我国大部分地区的河湖水泊中都有出产。此物一年四季皆可捕捞，清明前是吃河蚌的最好季节，此时河蚌最干净，且肉质肥厚，民间谚语有“春天喝碗河蚌汤，夏天不生痱子不长疮”之说。到了夏天则为丰产期，只是质老味逊了点。

本地蚌肉入厨大多用于制汤，多于春天食用，此菜虽很平常，但物贱而味美，肉质细嫩。

烧法以青菜烧河蚌为佳，铁锅，热油，姜丝，切好洗净之河蚌肉，爆炒之。加水，适当佐以少量咸肉与河蚌同烧，口味重者加入少许辣椒，大火，鲜香四溢，而汤则雪白如鲜奶，微辣而爽口。再放入少量的本地矮青菜，鲜美可口。

1. 原料

主料：河蚌肉 1000 克。辅料：青菜心 100 克、咸肉 60 克、料酒、猪油、葱姜、盐、胡椒粉。

2. 烹制方法

(1)河蚌取肉，去除两边的鳃叶用盐进行搓洗并用清水洗净，将河蚌切成大块。

(2)小青菜摘洗干净后备用，咸肉洗净切成厚片备用。

(3)锅中加少许猪油，烧热加葱姜煸香，倒入河蚌，加料酒和水烧开，放入砂锅中，加入咸肉。

(4)炖煮约半小时，加入菜心，撒一点葱花、味精、胡椒粉，即可上桌。

3. 成菜特点

汤浓汁白，鲜香味美，蚌肉略有嚼劲。

★小贴士

1. 河蚌烹制前取肉洗净，需摘去其灰黄色的鳃和背后的黑色泥肠；斧足部分要用木棍(或刀把)拍松，否则煮熟后不易嚼动。洗涤时可加点盐和明矾，去其黏液。

2. 蚌肉性凉，味甘咸。《食疗本草》说它“性大寒”。《本草衍义》中认为：“多食发风，动冷气。”《随息居饮食谱》亦云：“多食寒中。”所以，须多炖。寒性胃痛之人，尤当忌食。

3. 出锅时多撒些葱花、胡椒粉，以去其寒。

(七)螺蛳烧鸡

清明前后，春暖花开，正值螺肉肥美，是食用螺蛳的最佳时令，因此有“清明螺，赛过鹅”“春天螺，赛天鹅”之说。螺蛳食法颇多，但一般有土腥味，为此在食前要将螺蛳放在清水中浸养 1—2 天，再滴上些菜油，让螺蛳腮、胃、肠体内的秽物排泄干净，并除去泥土腥味，然后剪去其尾部，洗净，就可用了。一般要重用葱、姜、蒜，以酱油、料酒、胡椒粉、白糖调味，多红烧、酱爆、清蒸。也可煮熟螺蛳，挑出螺肉，再用。可拌，可醉，可糟，可炝，无不适宜；螺蛳味道鲜美，价廉物美，民间喜食，本地厨师自创螺蛳烧鸡，两鲜合烹，其鲜无比，值得一尝。

1. 原料

光鸡 400 克、螺蛳 150 克、花椒 10 粒、泡椒 8 个、姜粒 20 克、蒜片 15 克、葱花 10 克，盐、糖、胡椒粉、黄酒、花生油各适量。

2. 烹制方法

(1)螺蛳在清水中养 1 天去除杂质，洗净沥干水分，鸡斩块备用。

(2)开锅下油，爆香蒜片、花椒、泡椒和姜粒，下鸡块大火翻炒，转色后再下螺蛳翻炒，加黄酒、水、盐、糖调味，中火焖煮 15 分钟，撒上葱花即成。

3. 成菜特点

肉质细嫩，鲜香味爽。

★小贴士

1. 螺蛳一定要在清水中养干净。

2. 为防止病菌和寄生虫感染，在食用螺类时一定要煮透，一般煮 10 分钟以上再食用为佳。

3. 脾胃虚寒者不宜食用螺蛳。

(八)雪菜炒竹鸡

野生竹鸡分布在长江以南各省山地。本地丘陵连绵，且竹林茂密，是野生竹鸡生长的天然营地。入冬后山区雪下得早，这时竹鸡易捕获，同时竹鸡为越冬变得肉肥味美，是吃竹鸡的好时光。

竹鸡骨细肉厚，肉嫩味鲜，营养丰富，是一种野生珍禽。素有“野味之冠”“益智之王”之美誉。由于其肉质细嫩，味道鲜美，营养丰富而成为历代宫廷膳食中的珍品。

竹鸡肉的食用方法很多。煎、炒、烹、炸、烤种种方法样样适宜，酸、香、辣、咸种种口味样样鲜美，并且可与多种食品同做。烹调方法之广，足可随意发挥。但最能体现其鲜味的，是把竹鸡肉切块或切丝配以雪菜、冬笋清炒，原汁原味，鲜嫩无比，是当令佳肴。

1. 原料

主料：竹鸡 2 只。辅料：冬笋 100 克，腌雪里蕻 100 克，色拉油、精盐、白糖、料酒、葱、姜各少许，湿淀粉少许。

2. 烹制方法

(1)将竹鸡连毛剥皮，从脊背开刀，去内脏洗净，切成块。雪菜洗净切碎。冬笋去根剥壳，削去笋衣，切成薄滚刀块。

(2)锅内放入油，烧至五成热，下葱姜爆香，下鸡块煸炒，待鸡块变色时，加入料酒、清水，烧开后，再加笋、雪菜、盐、白糖，烧至九成熟。然后换用大火收汁，淋上明油，起锅装盘，撒上葱花即成。

3. 成菜特点

肉质软嫩，口味咸鲜。

★小贴士

竹笋具有化热、消痰、消渴、利水、益气的功效，雪菜含有多种维生素和矿物质，具有宣肺豁痰、温中利气的功效，与竹鸡肉共组成此菜，具有温中益气、滋补强壮的功效。

(九)塘步蒸蛋

塘步鱼是本地土名，学名塘鳢鱼，为长江中下游及南方诸省春季的著名时鲜产品。到了清明前后，菜花金黄，江浙沪一带的塘鳢鱼便体肥子满，民间俗语有“清明塘步鱼初美”之说。

这时，渔夫用赶网捕之，大厨以妙法烹之，就成了江南水乡一道独特的名菜佳肴。塘鳢鱼与螺肉、河虾、竹笋、春韭同为江南五大春菜名鲜，其肉质洁白细嫩，味道鲜美，细骨少而易剔除。塘鳢鱼个体虽小，但因其体型为亚圆筒形，含肉量高，肉质细嫩可口，无小刺。塘鳢鱼食法颇多，红烧、白汁、炖蛋、油炸、烧汤、制羹无不适宜。

1. 原料

主料：塘鳢鱼 350 克，新鲜鸡蛋 2 只。辅料：精盐、料酒、香葱、鸡汤、美极鲜酱油、植物油各适量。

2. 烹制方法

(1)将塘鳢鱼杀净后，入沸水中一烫，捞出整洁排放在深盆内，再将鸡蛋液加调料、鸡汤打匀，倒入深盆内，盖上笼盖，隔水用中火蒸 12 分钟左右而成。

(2)将葱末撒在塘鳢鱼炖蛋上面，淋美极鲜酱油(也可不淋)。

(3)再置净锅旺火，植物油烧至八成热时，浇在塘鳢鱼炖蛋上面的葱花上即成。

3. 成菜特点

蛋嫩色美，鱼肉鲜嫩，乃水乡江南的家常菜。

★小贴士

1. 为保证菜肴的口感和成品美观等，在蒸制时附一层保鲜膜，蒸制出来的菜品效果更佳。

2. 此菜肴适用于冠心病、中风后遗症患者食用，妊娠期妇女多食有保健作用。

(十)汪丁豆腐

黄颡鱼俗称黄腊丁、汪丁，生活于江湖底层，为小型的食用鱼类。黄颡鱼分布广，除西部高原外，全国各水域均有分布。此鱼东部平原多产，四季可食，一般春夏之际产子，此时肉质丰美。黄颡鱼个体虽较小，但产量大，且肉质细嫩，无小刺，多脂肪。黄颡鱼无鳞，多粘液，烹制前可用开水烫一下，去其粘液，以防烹制时带有腥味，多红烧以体现其鲜美肥润的质感。调味形式较多，现火锅原料也多用此鱼。

1. 原料

主料：汪丁鱼500克，内酯豆腐一盒。辅料：葱姜、盐、味精、料酒、胡椒粉、色拉油、高汤适量。

2. 烹制方法

(1)将汪丁鱼宰杀后用开水稍烫一下，去除表面的粘液，洗净沥干水，葱打结，姜切小块拍松。

(2)将炒锅放于火上烧热后用冷油划锅，加入色拉油烧至五成热时放入葱姜爆香后捞出，下汪丁鱼稍煎一下，烹入料酒，加清汤大火烧开。

(3)将豆腐改成小块放入锅内大火烧开后，放入盐、味精等调好味后，撒上胡椒粉，淋上明油出锅装盘，最后撒上葱花即可。

3. 成菜特点

汤白味鲜，肉质滑嫩。

★小贴士

1. 鱼宰杀后要用开水略烫一下去除表面的粘液，以防烹制时带有腥味。
2. 为保证汤的鲜美，调味时不宜过早地加入盐等调味品。
3. 放胡椒粉能起到去腥增香的作用。

(十一)红烧"鱼三宝"

"鱼三宝"就是指取用鱼(一般都用鲢鱼或鳙鱼)的头、鳔和鱼子来做菜，在以前这些都是下脚料，是不登大雅之堂的，是厨师自己吃的菜肴。近年来，经农家乐的推荐火了起来，成为众多农家饭店的必备菜肴。

鱼鳔，俗称之为鱼泡，富含胶质，口感佳，含有极丰富的蛋白质、维生素、矿物质等营养成分，具有补肾虚、健腰膝、养阴益精及滋润养颜的作用。

鲢鱼、鳙鱼的头较大，有丰富的胶质蛋白，为温中补气、暖胃、泽肌肤的养生食品，既有营养，又能美容，是女性美容不可忽视的佳肴。

鱼子不仅味美，而且营养丰富，它含有大量的蛋白质、钙、磷、铁及卵磷脂等，是人类大脑和骨髓的良好补充剂、滋长剂。同时鱼子中又含有多种维生素。因此，多吃鱼子，不仅有利于促进发育、增强体质、健脑等作用，而且还可起到乌发的作用，使人焕发青春。

1. 原料

花鲢头 500 克、鱼子 200 克、鱼鳔、香葱末、细姜末、豆瓣酱、绍酒、泡辣椒末、酱油、少许精制盐、白糖、味精、水淀粉。

2. 烹制方法

(1)将花鲢头、鱼子、鱼鳔洗净，鱼头切成块，烹制前用黄酒、葱、姜进行码味，以去除腥味，备用。

(2)炒锅放于中火上，放油烧热，下香葱末、细姜末爆香，将切好的鱼头入热油里煎至金黄，加辣椒末、豆瓣酱，炒出红油，再加鱼籽、鱼鳔、绍酒、酱油、精盐、白糖、清水，加盖大火烧沸。

(3)改用中小火烧 6—8 分钟至熟，加味精用旺火收汁，淋入水淀粉调稠汤汁即可。

3. 成菜特点

鲜红光亮，肉质细嫩鲜美，味道浓郁。

★小贴士

1. 火候要控制好，先大火烧开转中小火烧制，切记不可烧老。
2. 鱼子、鱼鳔为发物，食欲不振和痰湿盛者不要食用为好。
3. 在洗鱼子时，注意不要把鱼子上的膜撕破。

附：长兴小吃

一、长兴干挑面

面一直是北方人的主食，不知道从什么时候起，在长兴人巧手下，做成了独具特色的干挑面。所谓干挑面，即将煮熟后的面条，沥水后加调料乘热拌均，再加各种配菜而食的一种面条品种。

干挑面也算是浙北长兴一带的特色，这种风味独特的拌面大街小巷比比皆是，原料就是最普通的细面条，加上佐料，经过店家的精心料理，一碗香喷喷的干挑面就奇迹般呈现在顾客面前。它鲜香扑鼻，软硬适中，口感韧滑，每一根面条都饱含鲜香滋润的味道。长兴的每家早餐店都卖干挑面，不仅价格便宜，而且常吃不厌。干挑面在受长兴人喜爱的同时，因为是特色小吃，还受到来长兴的外地人的青睐。

1. 原料

主料：面(必须是新鲜的湿面，以细的圆面为佳)150克。

调料：猪油、盐、味精或鸡精、酱油(生抽)、辣椒酱。

配菜：咸菜、酱制肉圆、煎鸡蛋或荷包蛋、青椒牛柳、酱制鱼干。

2. 制作方法

其实很简单，分两步，煮和拌。

(1)煮讲究煮熟而不煮烂，清水入锅煮沸，下面，用大火煮，其间锅盖半掩，至面上浮(一般1—2分钟)，加少许凉水(一般半碗，以面条不因沸水翻滚为准)，上锅盖继续煮1—2分钟至水沸腾，起锅晾干。

(2)拌讲究调料的搭配，在面起锅前要配好，准备好盛面的空碗，将猪油一小勺，少许鸡精(或盐和味精)，酱油一勺(依口味自主选择适量的咸菜、辣椒酱)置碗中，待面起锅下碗，迅速搅拌，将调料拌匀，撒上少许葱花，完成。

(3)配菜依个人口味自选，因酱制肉圆、鱼干等均是秘制，各家有所不同。

3. 特点

入口爽滑，有嚼劲，配菜多样，各取所需。

二、唐八仙生煎

生煎包子是流行于上海、苏州及其他江南地区的一种传统小吃，简称为生煎，特点是皮酥、汁浓、肉香、精巧。轻咬一口，肉香、油香、葱香、芝麻香全部的美味在口中久久不散。原为茶楼、老虎灶(开水店)兼营品种，馅心以鲜猪肉加皮冻为主。

生煎在长兴也是很受大家欢迎的食品，经过多年的发展，泗安唐八仙生煎已经成为长兴的名牌，注册商标。这家的生煎包子香味纯正，没有碱味，肉骨头汤亦是令人垂涎欲滴。生煎，关键是吃它的底，脆脆的，像是锅巴的感觉。

美食家对生煎的要求是成品面白，软而松，肉馅鲜嫩，中有卤汁，咬嚼时有芝麻及葱香味，以出锅热吃为佳。有道是："皮薄不破又不焦，二分酵头靠烘烤，鲜馅汤汁满口来，底厚焦枯是败品。"

1. 原料

主料(30 只左右用量)：小麦面粉 600 克、猪肉(肥瘦适中)300 克。

辅料：酵母 20 克。

调料：大葱、姜、盐、味精、碱、香油、菜籽油、芝麻用量适当。

2. 制作方法

(1)将葱姜洗净切成末待用。

(2)将猪肉洗净，切成末放入盆里，加入精盐、味精、葱末、姜末、麻油，调拌均匀，即成馅料。

(3)将面粉放入盆内，放入酵母、水，和成较硬面团，饧发。

(4)将饧发好的酵面放在案板上，放入食碱，揉匀揉透，分成大小均匀的剂子，擀成圆皮。

(5)将圆皮放在手中，装入肉馅，捏成雀笼形，即成包子生坯，备用。

(6)将平锅底抹上一些猪油，烧热后码入包子生坯，倒入凉水加盖煎焖。

(7)两手随时转动平锅，使火候均匀，大约 10 分钟，见包子底呈金黄色时，撒上葱末、芝麻即可上桌食用。

3. 特点

软而松，肉馅鲜嫩，中有卤汁，咬嚼时有芝麻香及葱香味。

三、泗安酥糖

酥糖是从南宋流传至今的传统名品，它是用炒熟的芝麻研粉和糖加料制成，用一张小红纸包成长方形，小红纸上印有店家的招牌，其味香甜，质感松软，是一种传统的春节应时糕点。该产品深受广大消费者所喜爱，是居家、旅游、休闲、馈赠亲朋之佳品。

长兴泗安酥糖在清朝、民国年间，绝对是长兴小吃第一品牌，名冠苏浙皖三省，在20世纪50年代曾是北京人民大会堂内的南方细点之一。

黑芝麻酥糖

1. 原料

米饴、香油、面粉、黑芝麻、白砂糖、绵白糖、咸桂花、糖玫瑰。

2. 制作方法

(1)调制糖馅：取绵白糖、香油、咸桂花，稍加点盐，以调剂适口为宜，混合均匀备用。

(2)熬糖坯：称取米饴入锅，微火熬，开锅前加香油，改用大火，以保持锅内微开状态，仍不停地熬制。待糖温达到142℃时，改用微火，熬至米饴颜色和劲头适宜为止。倒入桶里冷置备用。（注：熬糖坯，根据天气而定：冬季熬的骨子要小些，手能拿起即可；夏季的骨子要稍大些，但须注意浓度过大糖坯发脆，产品易碎，酥层不薄，吃口粘牙，过小产品易溶化和还潮）。

(3)磨制：将面粉和芝麻分别烤熟后和白砂糖混合均匀，进行磨制，过箩。

(4)捋条：按糖坯和芝麻粉的合理比例，拌均，擀条，然后分层包制。糖馅在中间，外面分别包上第四、五层的酥皮。

(5)切块：包好后，用手将坯均匀地捋成长条形，再捋至宽4—4.5厘米，高2.5厘米的长条形，并整齐地并排放好，用木制尺子边量边切块，切块后包装即是成品。

3. 特点

层次清晰不乱，花纹均匀美观，中心糖馅颜色鲜明精细，糖体不粘不碎。细腻香甜，不糊嘴，不粘手，富有芝麻香气和桂花芳香，并具有淡咸两种口味。

四、青团子

青团是江南一带的小吃，因其色调而得名，原本是主要在清明节时食用的节日食品。在中国古代，每逢寒食节，人们便不生火做饭，只吃冷食。冷食是事先做好无需加热的食品。

青团就是用清明前后才有的一种艾草的汁，拌进按比例配好的糯米、粳米、面粉里，手工揉匀，再根据各人喜好包裹进不同的馅料蒸制而成。

1. 原料

糯米粉 750 克、粳米粉 250 克、甜馅（豆沙馅、枣泥等）适量、咸馅（咸菜、笋丝、肉丝等）适量、艾草或鼠曲草。

2. 制作方法

（1）把艾草洗干净用水焯一下，在焯的时候，可以加一点点石灰水，这样能去掉苦涩味，如果不加，就多洗几遍，问题也不大。然后加点水，用家用的搅拌机打碎就可以得到艾草汁了。

（2）把糯米粉和粳米粉按 3∶1 的量调好，加入艾草汁和成面团，再加温开水，揉到不粘手时停止加水，反复揉搓，使艾草汁和糯米粉分布均匀，成鲜绿色面团。

（3）咸菜、笋丝、肉丝切碎，快火翻炒，或调好甜馅作为馅料，备用。

（4）绿色面团搓成长条，切成剂子。搓圆剂子，在中间用大拇指按出一个坑，填入馅料，封口，做成窝窝头状。

（5）上锅蒸 15—20 分钟即可。

（6）将青团做成尖头或圆头，以区别豆沙馅或是咸馅。

3. 特点

清甜甘香，软糯可口，带有艾叶香气。

五、乌米饭

乌米饭历史悠久，出现于唐代，那时叫青精饭，是道家求长生不死的养生食物，为道家斋日的饵食。从宋代开始，佛家开始将青精饭作为斋食。尤其是在四月八日浴佛节，佛教徒多做乌米饭以供佛，因这个原因也叫阿弥饭。

长兴的乌米饭主要在春季四月时食用，它采自大自然中的一种叫乌稔树（也叫乌饭树）的绿色树叶榨汁泡制，从山地里采来的野生乌稔树的嫩叶，置于石臼中捣烂后用布包好放入锅中浸，然后捞出布包将白花花的糯米倒入乌黑的汤汁里烧煮成的饭，有开脾健胃驱湿的食疗作用。本地传说人们食用乌米饭后蚊子不会叮咬。

1. 原料

糯米、乌饭树叶。

2. 制作方法

(1)乌饭树叶拣去枝条和老叶，清洗干净。放入石臼内，加清水搅碎，倒入一个大盆中，放置半小时，其间不时用手揉搓几次。

(2)用筛子滤出乌饭叶汁水，把糯米洗净后，泡入乌饭叶汁水中，如要过夜则需要放入冰箱冷藏。

(3)将浸泡好的糯米放入碗中，加入乌叶汁水(水刚刚盖过糯米即可)。

(4)入锅隔水蒸30分钟左右至全熟，食用时撒上白糖即可。

(5)如做成咸味的乌米饭，常见配豌豆、笋、咸肉等，先将豌豆和笋都入开水锅中焯熟，咸肉先浸泡半小时去咸后，切小丁。然后锅中放油烧热，倒入咸肉炒到变色，倒入笋丁和豌豆一起翻炒片刻。最后倒入蒸好的乌米饭，炒匀即可。

六、春卷

春卷，又称春饼、薄饼，流行于中国各地，江南等地尤盛。民间除供自己家食用外，常用于待客，历史悠久。

春卷是由古代的春饼演化而来的。据陈元靓的《岁时广记》中记载："在春日，食春饼，生菜，号春盘。"清代的《燕京岁时记》也有："打春，是日富家多食春饼。"可见春日做春饼，食春饼的民俗风情由来已久。

唐宋以后，立春之日有食春饼与生菜之俗。饼与生菜以盘装之，即称为春盘。随着烹调技术的发展和提高，春饼又演变成为小巧玲珑的春卷了。这时它不仅成为民间小吃，而且也成为宫廷糕点，登上大雅之堂。

在本地春卷的常见做法是用烙熟的圆形薄面皮卷裹馅心，成长条形，然后下油锅炸至金黄色浮起而成。馅心可荤可素，可咸可甜。品种有韭黄肉丝春卷、荠菜春卷、豆沙春卷等。

1. 原料

配料：韭菜(最好用韭芽)200克，肉丝50克，鸡蛋1个，面粉250克，精盐，水淀粉15克，

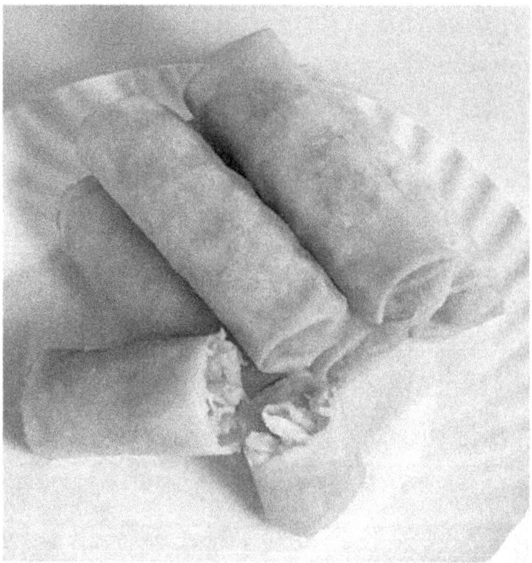

植物油 50 克。(10 只量)

2. 制作方法

(1)将韭菜切成 3 厘米长的段,肉丝用精盐少许和水淀粉浆上,用温油滑散,捞出控净油,再放入锅内,加入酱油、精盐、韭菜稍炒一下,制成春卷馅。

(2)将鸡蛋打入碗内,加入面粉、水、搅成稀糊,用炒勺摊成 4 张皮子待用。

(3)将皮子放在菜板上,卷入馅,在封口处抹上面糊封口,逐个制成春卷生胚。

(4)将锅放在旺火上,倒入油,烧至七八成热时投入春卷,炸成外皮酥脆,呈金黄色时即成,吃时将春卷剁成段码入盘内即可。

3. 特点

春卷皮薄酥脆,馅心香软,别具风味,是春季的时令佳品。

七、长兴小笼

小笼包最早的历史可以追溯到北宋时期著名的河南王楼“山洞梅花包子”,传说靖康之变以后由北宋皇室以“灌浆馒头”之名带入江南后演变而来,与中国北方地区流行的灌汤包系出同门。近代小笼包,大多指起源于上海南翔镇的小笼馒头。南翔小笼馒头是由上海南翔镇日华轩小吃店店主黄明贤在清同治十年(1871)首创的,原名小笼大肉馒头,又称南翔大馒头,他认为小巧玲珑的小笼包被称为大馒头,能使食客产生强烈的反差并生兴趣。在工艺上,黄明贤用不发酵的精面粉为皮,采用手工剁成的猪腿精肉为馅料,肉馅里还加上肉皮冻。小笼包一经面世就受到了食客的青睐,成为一款老少咸宜的小吃。

长兴小笼包皮薄馅精,类似南翔小笼包而更符合本地口味,所以流行于当地。

1. 原料

夹心肉 150 克、面粉 150 克、盐、酒、生抽、生粉、姜茸、麻油、胡椒粉(一屉 8 只装)。

2. 制作方法

(1)夹心肉剁烂,加入调味料搅至起胶状,做肉馅。

(2)面粉筛匀放入大碗中,慢慢加入滚水,迅速拌匀成软粉团。

(3)粉团搓成长条形,再分切成小圆粒,擀成薄圆形粉皮,放入肉馅做成小笼包形状。

(4)放入笼屉隔水蒸 7—8 分钟,拌匀。沾汁一同上桌,趁热进食。